雷达干涉测量湿地水位变化反演

谢　酬　田帮森　申朝永　周道琴　唐文家　张紫萍　著

科 学 出 版 社

北　京

内 容 简 介

湿地是地球上最具生产力的生态系统之一，也是最富生物多样性的生态系统之一，被誉为“地球之肾”、“天然水库”和“天然物种库”。由于全球人口增加及经济迅速发展的过程中长期忽视环境的保护，地球生态环境日益恶化，全球湿地丧失和功能退化成为突出的问题之一，开展长期持续的湿地生态环境保护刻不容缓。合成孔径雷达（SAR）能够穿透植被进而解决光学数据低估湿地水域面积的不足，已经被广泛应用于湿地类型识别、湿地情况调查和溢流的特征定义中。本书系统总结了雷达干涉测量湿地水位变化反演研究现状，结合雷达干涉测量基本原理和湿地散射特征，构建了差分干涉测量湿地水位变化反演的方法和技术流程，发展了湿地长时间序列水位水深变化分析算法，形成了 SAR 精准测距湿地水位反演流程，并介绍了该方法在黄河三角洲和典型高原湿地可鲁克湿地的实际应用。

本书内容丰富，图文并茂，可为从事湿地遥感工作的科研人员、技术人员以及高等院校师生提供技术参考和应用案例。

图书在版编目(CIP)数据

雷达干涉测量湿地水位变化反演 / 谢酬等著 . —北京：科学出版社，2021. 12

ISBN 978-7-03-070676-8

Ⅰ. ①雷…　Ⅱ. ①谢…　Ⅲ. ①雷达测距-干涉测量法-应用-沼泽化地-水位变化-研究　Ⅳ. ①P931. 7

中国版本图书馆 CIP 数据核字（2021）第 232528 号

责任编辑：王　运 / 责任校对：张小霞

责任印制：吴兆东 / 封面设计：图阅盛世

科 学 出 版 社 出版

北京东黄城根北街 16 号

邮政编码：100717

http://www. sciencep. com

北京中科印刷有限公司 印刷

科学出版社发行　各地新华书店经销

*

2021 年 12 月第　一　版　开本：787×1092　1/16

2021 年 12 月第一次印刷　印张：7

字数：170 000

定价：98. 00 元

（如有印装质量问题，我社负责调换）

前　言

湿地广泛分布于世界各地，是地球上生物多样性丰富和生产力较高的生态系统。湿地既是陆地上的天然蓄水库，又拥有众多野生动植物资源，还是珍稀水禽的繁殖和越冬地。湿地与人类息息相关，是人类拥有的宝贵资源，因此湿地被称为“生命的摇篮”、“地球之肾”和“鸟类的乐园”。然而，自20世纪初以来，全球湿地面积减少了64%～71%，从20世纪末到21世纪初，全球湿地面积减少速度增加了3.7倍。联合国政府间气候变化专门委员会（Intergovernmental Panel on Climate Change，IPCC）第五次评估报告指出，气候变化比以前认识到的更加严重，气候变化通过改变全球水循环和气象要素，影响湿地的分布、植被覆盖和水资源结构。科学合理地评估湿地生态系统价值，是湿地保护与合理开发、确保湿地资源可持续性利用的基础。

水作为湿地生态系统的重要组分，主导物质循环、能量流动和生物迁移等生态过程，开展长期、量化的湿地水文和植被时空变化监测，对湿地生态系统服务功能的恢复至关重要。湿地水文情势（水位、水量、淹水频率和淹没时间等）的变化一直是湿地保护中关注的焦点，与湿地植被生长状况共同影响湿地动物的栖息地环境。然而由于湿地区域难以进入，对其进行大规模现场监测难度大且成本高，使得现场监测网络无法提供大型湿地的高空间采样率的水文和植被时空变化数据。遥感为解决湿地生境时空变化研究中的数据短缺问题提供了极具吸引力的机遇。

SAR（合成孔径雷达）在高度反演方面有独特的优势，这一优势使得它在湿地水文和植被参数反演方面具有巨大的潜力，干涉测量技术在湿地水位监测方面也取得了极大的进展。高时间分辨率的湿地水文和植被参数监测是开展水文和植被的变化对湿地生态评估的必要条件，新型快速重访、多波段传感器的发射升空拓展了湿地遥感的应用能力。

本书系统总结了笔者及研究团队自2011年以来利用先进的雷达遥感技术，特别是近年来快速发展的干涉测量和SAR精确测距技术，在湿地水位变化反演方面取得的系统性研究成果。本书是笔者及其研究团队在微波遥感领域多年研究成果和科研经验的分享，期盼能为从事相关领域科研工作的同仁提供专业的科学参考数据与案例，为有志于从事相关领域科研工作的学者和研究生提供启发性的科学研究参考。

本书第 1 章介绍了雷达干涉测量湿地水位变化反演研究现状，由谢酬、朱玉、杨莹、张茗编写；第 2 章介绍了雷达干涉测量基本原理，由田帮森、朱玉、杨箐、张领旗、黄淞波编写；第 3 章介绍了差分干涉测量湿地水位变化反演的原理和方法，由申朝永、周道琴、陈冠文、谢韬编写；第 4 章介绍了湿地长时间序列水位水深变化分析流程和实例，由谢酬、郭亦鸿、李冠楠、王京、李宏伟编写；第 5 章介绍了 SAR 精准测距湿地水位反演流程，由唐文家、张紫萍、郭鑫、方昊然编写。全书由谢酬、田帮森、申朝永统合定稿。

本书是国家自然科学基金青年科学基金项目“基于永久散射体技术的滨海湿地水位变化监测研究（41001276）”和面上项目“多时相多极化 SAR 高原湿地关键水文和植被参数遥感反演研究（41571328）”系列研究成果的总结。相关研究工作得到了中国科学院空天信息创新研究院、贵州省第三测绘院、青海省生态环境监测中心等单位，以及浙江省微波目标特性测量与遥感重点实验室的大力支持，并在项目执行过程中得到了邵芸老师的悉心指正与鼓励，在此表示衷心感谢。同时，感谢所有关心本书撰写出版的同仁们。本书疏漏和不妥之处在所难免，敬请读者批评指正。

谢　酬

2021 年 7 月于北京

目　　录

第1章　雷达干涉测量湿地水位变化反演研究现状

1.1　研究背景及意义

湿地是地球上最具生产力的生态系统之一，也是最富生物多样性的生态系统之一，它不仅能为人类的生产、生活提供多种资源，同时还具有很高的经济价值、环境效益和多种生态功能。湿地具有涵养水源、净化水质、调蓄洪水、控制土壤侵蚀、补充地下水、美化环境、调节气候、维持碳循环和保护海岸等极为重要的生态功能，是生物多样性的重要发源地之一，被誉为“地球之肾”、“天然水库”和“天然物种库”。由于全球人口增加及经济迅速发展的过程中长期忽视环境的保护，地球生态环境日益恶化，全球湿地丧失和功能退化成为突出的问题之一。为了保护全球湿地，18个国家的代表于1971年2月签署了一个旨在保护和合理利用全球湿地的公约——《关于特别是作为水禽栖息地的国际重要湿地公约》（*Convention on Wetlands of International Importance Especially as Waterfowl Habitat*，简称《湿地公约》）。该公约于1975年12月21日正式生效，目前有168个缔约方。近年来湿地的特殊性和重要性已受到全世界的关注，湿地研究成为当前国内外普遍关注的热点问题和前沿性研究领域。

湿地的特殊性和重要性日益受到全世界的关注，遥感技术由于其空间分辨率高、覆盖范围广以及人工成本低的优势已经广泛应用于湿地调查中，相关应用主要集中于湿地识别与分类、湿地资源调查、湿地资源动态变化调查和湿地植被生物量估测等方面（周德民等，2006）。遥感数据（如可见光、近红外、热红外、微波）可用于提取地表环境各类地学宏观信息，如土地利用/覆盖类型及变化、植被类型、植被生物量、水土流失状况、洪水灾害、森林火灾监测等。利用遥感技术对湿地资源及其生态环境进行动态监测和分析具有显著优势。首先，应用卫星遥感进行湿地的宏观监测具有信息丰富、获取效率高、精度高等优越性，能在短时间内获取湿地区域的实况信息，相对于传统湿地调查方法能节省大量的时间、人力和物力。其次，利用遥感数据可以获取表征湿地生态环境的各种特征评价因子，如可准确查明湿地类型、面积分布、开发利用与保护现状，调查湿地生物多样性的分布及栖息地生境条件等。这对于定量研究湿地过程与发育模式、湿地的演化规律、湿地系统结构与功能等，具有重要的意义。最后，由于湿地内交通不便，对其资源的调查很难采用地面方式进行，遥感技术的应用给湿地的研究和监测带来很大的便利。

然而，对于湿地生态学家，他们更加关心的是水位、水域面积、植被高度和植被盖度，这些水文参数和植被参数直接影响候鸟栖息地的环境（崔保山和杨志峰，2006）。在湿地生态系统中，湿地水文情势（水位、水量、淹水频率和淹没时间等）的变化一直是湿地保护中关注的焦点，对湿地生物的分布及湿地土壤的性质起着主导作用，与湿地植被生长状况共同影响湿地动物的栖息地环境（Cui et al.，2009a）。因此，对湿地的水位、水域面积和植被高度进行监测非常重要。光学遥感无法直接解决湿地水位和植被高度测量的问题，同时植被覆盖会对光学遥感湿地水体识别精度产生极大的影响。雷达高度计已经用于内陆大型水体（例如，大型湖泊和亚马孙森林）的水位监测（Birkett，1995；Birkett et al.，2002），但是对于小型湖泊或湿地，由于水体面积较小，雷达高度计回波会产生变形，同时周围地形的影响会造成大量的数据丢失（Frappart et al.，2006）。以上问题的存在，使得光学遥感和雷达高度计等遥感手段无法满足湿地生态学家调查湿地水位和植被高度的需求。

在湿地信息的提取与监测研究方面，合成孔径雷达（SAR）具有全天时、全天候监测的优势，受大气、云和降雨的影响较弱。湿地地表覆盖类型较复杂，而SAR对地物具有一定的穿透能力，可以在一定程度穿透植被和土层，获取地表下垫面一定厚度层的特征信息；多频率、多极化SAR对地物表面粗糙度、地物内部结构和复介电常数所具有的敏感性使其能够提供可见光和红外遥感所不能提供的某些信息，已经被广泛应用于湿地类型识别、湿地情况调查和溢流的特征定义中（Patel et al.，2009）。SAR不仅测量地面目标反射回波的幅度，而且记录回波的相位信息，使得它在高度反演方面有独特的优势。干涉测量技术已经广泛地应用于地表形变监测和地面高程测量，并且在湿地水位监测方面也取得了极大的进展（Xie et al.，2015）。新型传感器的发射升空拓展了SAR的应用能力，特别是TanDEM-X双基系统极大降低了时间去相干的影响，从而使得湿地植被高度反演成为可能（Rossi and Erten，2015）。SAR

的独特优势使得它在湿地水文和植被参数反演方面具有巨大的潜力。

本书旨在充分发挥SAR在高度反演和水体监测方面的优势，集中开展影响湿地生态健康状况的关键参数——水位和水深反演问题研究，通过分析不同湿地类型在散射特性和相干特性上的区别，建立湿地分布式散射体提取准则；通过分析植被冠层覆盖下湿地水面的雷达回波信号的相位中心，建立差分干涉测量提取湿地水位变化的理论模型；结合湿地水位变化的规律，构建适合湿地水位变化研究的分布式散射体函数模型，建立湿地水文参数反演方法，进行湿地水位变化信息的提取，并结合实验区地表河流径流、海水潮位和大气降水的相关资料，分析这些相关因素对湿地水位的影响。开展该项研究将能够为湿地植被生物量和湿地生态需水量估计等提供重要的输入数据，为湿地生态系统健康评估和生态系统功能科学评价提供重要参考依据，为湿地的恢复重建、维护和发展提供科学的指导。

1.2　国内外研究进展综述

1.2.1　湿地微波散射机制研究现状

湿地地表覆盖类型较复杂，多频率、多极化SAR对地物表面粗糙度、地物内部结构和复介电常数高度敏感，湿地微波散射机制研究是开展雷达湿地遥感应用的基石。Hess等（2003）认为在湿地中后向散射的表面散射、体散射量、双次散射在后向散射中的相对贡献主要取决于植被类型、植被叶子状态，郁闭度及其他环境因素。Lu和Kwoun等（2008）认为在沼泽森林和盐化沼泽的后向散射主要是二次散射。Richards等（1987）认为有草本植被露出的水面和植被通过二次散射能够将雷达信号反射回卫星。Sun等（1991）对于洪水淹没区域植被的雷达后向散射进行了研究，认为淹没的植被的雷达后向散射主要由树冠表面散射、树木的体散射及树干-水的二次散射组成。过去的研究表明在植被覆盖区域使用波长较长的L波段SAR影像进行干涉测量（23.5cm波长）更可靠。从波长来看，SAR影像的湿地制图主要集中在C、L和P 3个波段。C波段波长（3.75～7.5cm）较短，其穿透能力弱于L（15～30cm）、P（30～100cm）波段，可用于识别禾本植被区湿地或稀疏森林湿地中灌丛植被及水体。

Kasischke 和 Bourgeau-Chavez（1997）使用 C 波段 ERS-1 SAR 数据监测佛罗里达州南部的湿地生态系统，表明了使用单波段的 SAR 数据能够基于冠层结构、土壤水分、是否浸没以及植被生长状况区分不同的植被类型。Castañeda 等（2013）应用多时相 C 波段 ERS 数据，基于雷达信号分布的统计特性，对西班牙东北部的 Monegros Saline 湿地进行纹理特征的分类，并通过雷达与光学数据的融合表明雷达数据获取的景观结构特征对光学数据是个很好的补充，提高了分类精度。L、P 波段穿透力强，可用于森林湿地的识别。Hess 等（2015）对亚马孙河流域的淹没湿地和植被进行制图，表明利用 C 波段或 C 波段和 L 波段的组合比单独使用 L 波段在湿地主要草本植物的分类上具有更高的精度。Bwangoy 等（2010）采用波长 23. 5cm 的 L 波段 JERS-1 雷达数据，利用辐射传输方程，将总后向散射分解为入射信号与树冠、树干和地面相互作用的结果，并结合光学 Landsat TM、ETM+以及高程（SRTM）数据，应用多源统计监督分类法，得到了刚果盆地 1986 ~ 2000 年间的湿地范围图。Bourgeau-Chavez 等（2005）采用全极化 L 和 C 波段数据对弗吉尼亚的拉帕汉诺克河进行湿地制图，结果表明，无论是 L 波段还是 C 波段都能检测湿地植被冠层下方的洪涝灾害。不同波长对不同地物识别的敏感性不同。总体来看，以禾本植被为主的湿地制图通常选择 C 波段，而森林湿地选择 L 波段等，能够更加有效地实现湿地制图。

极化方式也是影响雷达后向散射信号的因素之一，一般同极化（HH 或 VV）比交叉极化（HV 或 VH）穿透植被的能力更强。从极化方式来看，开展 SAR 湿地应用通常单独使用同极化（HH 或 VV）、HV 极化辅助及全极化的 SAR 影像（HH、HV、VH、VV）。Yamagata 和 Yasuoka（1993）分析了 C 波段 ERS-1（VV）和 L 波段 JERS SAR（HH）影像对湿地植被的分类能力，影像获取时间均为湿地植被生物量最大时期。纹理分析法分类表明，JFRS-1 数据可以很好地区分沼泽和沼泽植被，而 ERS-1 能够划分森林沼泽。Baghdadi 等（2001）利用加拿大遥感中心（CCRS）植被生长季节的 C 波段全极化（HH、HV、VH、VV）SAR 影像，对加拿大渥太华附近 Mer Bleue 进行湿地制图，并比较了湿地植被在生长周期内对不同极化方式的响应，评价了不同极化方式对六种不同的覆盖类型（forested and nonforested peat bog、marsh、open water、clearing、forests，即森林及非森林泥炭沼泽、沼泽、开阔水面、砍伐区域和森林）的分类结果，得出了HH和交叉极化比VV极化具有更高的分类精度。Bourgeau-Chavez等（2005）采用分层分析和最大似然分类技术对全极化L和C波段数据进行湿地制图，结果表明，HH极化比VV能更好地进行湿地划分，交叉极化（HV或VH）能用于区分木本与草本植被。廖静娟和沈国状（2008）获取了Envisat ASAR双极化数据利用决策树分类法提取鄱阳湖湿地变化区域。研究显示，同极化比交叉极化数据具有更大的动态范围，HH极化比HV极化更适合水体信息的提取，但对于不同湿地类型在不同的水文周期中，交叉极化对于湿地制图能够提供有利的补充。

在深入了解湿地微波散射机制研究的基础上，科学家们开展了雷达湿地遥感应用研究。SAR影像进行湿地分类制图时，常用的分类方法主要有神经网络方法、K均值的分类方法、决策树分类方法、基于规则的分类方法、极大似然分类方法、支持向量机的分类方法、基于极化分解的分类方法及结合辅助数据、特征的分类方法（如结合DEM、纹理、相位、光学数据）。早在1993年，Y. Yamagata用共生矩阵纹理分析方法对C波段VV极化ERS-1 SAR和L波段HH极化JERS-1 SAR数据进行湿地植被分类研究，取得了比较好的效果。1998年，W. Elijah等利用Landsat TM卫星影像数据并结合CIR（color infrared，彩色红外）和ERS-1 SAR数据使用K均值来进行湿地森林系统的分类，所得的分类精度高于仅使用TM反射率波段的分类精度。2000年，H. Ghedira采用神经网络方法对加拿大魁北克Lac Saint-Jean地区多个时期的Radarsat SAR单极化影像进行湿地分类并进行季节变化监测，取得了较好的分类效果；Rio和Lozano-Garca（2000）利用经过空间滤波处理的Radarsat SAR数据对沼泽湿地进行分类研究，取得了很好的效果，表明了SAR进行湿地分类的优势。Linda E. Meyer等采用普拉特河南部湿地的Landsat TM、IRS-1C、Radarsat数据分析了其各自的分类精度，并把光学数据与Radarsat数据融合进行分类，比较了几类数据和融合后的数据之间的分类精度，表明了光学数据与SAR数据融合进行湿地分类的有效性。2002年，M. R. Moghaddam等采用基于规则的决策树算法的分类方法，从配准的JERS-1（L波段HH极化）和ERS-2（C波段VV极化）影像中识别出五种湿地类型。Arzandeh和Wang（2002）把灰度共生矩阵纹理分析方法用于单时相Radarsat影像的湿地分类，结果表明该方法有效地改进了湿地的分类精度。2003年，Oriane W. Taft等用C波段HH极化的Radarsat数据探测了坦桑尼亚候鸟的冬季湿地栖息地环境，并按其特征识别出了四类地物类型，结果表明雷达遥感对于湿地分类的有效性。2010 年，A. Lonnqvist 等用 ALOS PALSAR 全极化数据比较了四种湿地分类的方法，两种方法是基于监督分类，另外两种方法是基于非监督分类，并同时使用了强度数据，结果表明不论用哪种方法全极化数据的分类效果都要好于强度数据的分类效果，而且只使用强度数据进行分析时，HH 和 HV 的极化的分类效果和 VV、HH+VV 的效果一样。Patel 等（2006）用 L、P 波段全极化 DLR-ESAR 数据进行基于特征矢量的湿地目标分解，展示了 PolSAR 技术特征化湿地生态系统各组成部分不同散射表现的能力。2007 年，R. Touzi 等提出一种新的相干目标散射矢量模型，表明对称散射类型的幅度和相位应该用一个明确的对称目标散射 SAR 影像的湿地动态监测研究现状来描述，目标的螺旋度也因此用在了散射目标的对称–非对称特性的评估中，把这种相干目标散射模型用于湿地分类，取得了较好的效果。2008 年，Megan W. Lang 等用 ERS-2 和 ENVISAT 的多时相 C 波段 SAR 数据（C-HH 和 C-VV）比较了野外勘探和国家湿地库存地图的相符程度，取得了很好的效果，表明了多时相的 C 波段 SAR 数据能够反映并监测森林湿地的动态变化。2009 年，A. Bartsch 等论述了近年来用于湿地相关研究的 ScanSAR 技术，包括对洪水的监测及土地表面湿度的分析等，并用 2005 年和 2006 年获得的 ENVISAT ASAR 数据分析了北部和亚热带的湿地环境，提出了相对土壤水分地图可以为复杂的湿地生态环境提供有用的数据来源。Touzi 等（2009a）提出了一种新的分解方法——Touzi 分解，其将目标散射类型用对称散射类型表示，把幅度和相位用于湿地分类研究，可以区分 HH、VV 相位差和辐射散射信息无法区分的湿地类型。随后，Touzi 等（2009b）又研究了 Touzi 分解用于湿地的分类，用 C 波段全极化数据验证对称散射类型的相位，为湿地分类提供独特信息。

国内系统地对湿地进行研究始于 20 世纪 50 年代，但多是使用光学遥感影像来进行湿地分类的研究，对 SAR 湿地微波散射机制研究的起步较晚。2006 年，刘凯等利用 Radarsat 与 TM 的融合影像，探讨了小波融合、HIS 融合以及主成分融合 3 种融合方法和非监督分类、监督分类以及神经网络分类 3 种分类方法对红树林湿地群落进行分类的效果，结果表明应用神经网络的分类方法 Radarsat 和 TM 主成分融合影像能够取得最好的分类效果。2007 年，刘凯采用雷达数据 Envisat ASAR（空间分辨率 30m）与 Radarsat SAR 影像（空间分辨率 6m）进行湿地遥感的研究分类，提取珠江口湿地的信息，取得了不错的效果。

2008年，廖静娟等基于多时相、多极化Envisat ASAR数据，在对地表淹没状况的变化检测中引入了变化向量分析方法，利用决策树分类方法将变化区域提取出来并分析了鄱阳湖湿地地表淹没状况的动态变化情况，取得了较好的效果。廖静娟和王庆（2009）利用新型的Radarsat-2极化雷达数据，用极化雷达目标分解方法，即H/A/α分解方法提取了鄱阳湖湿地不同地表类型的极化特征量，进行了Wishart非监督分类和监督分类，取得了较高的精度，同时也说明了Radarsat-2极化数据不仅对不同的湿地植被类型有比较好的识别能力，而且可以区分不同的湿地地表类型。

1.2.2　干涉测量湿地水位反演研究现状

水位是一个重要的水体物理参数，是湿地生态水文过程的关键因素之一，SAR干涉测量技术获取水位在一定程度上弥补了实测水文站点缺失的状况，能够获取大范围高空间分辨率的水位信息。

相比于雷达干涉测量的其他应用领域而言，InSAR湿地水位变化监测的研究起步较晚。在Alsdorf等（2000）利用获取于亚马孙盆地的L波段数据开展湿地水位变化的研究之后（表1.1），干涉测量开始广泛应用于草本沼泽、森林沼泽和红树林的水位变化研究，相关应用主要集中在美国和墨西哥的河口湿地以及亚马孙的洪泛平原（Wdowinski et al.，2004；Lu and Kwoun，2008；Gondwe et al.，2010）。InSAR湿地水位变化监测同样需要构造干涉条纹图，提取由地物目标散射中心位置变化造成的干涉相位。与InSAR形变测量不同的是，在水位变化测量中造成地物目标散射中心位置变化的是植被冠层下的水位变化，而非地物目标的形变。因而只有当雷达波能够穿透植被冠层，由冠层下水面和植物茎秆构成的垂直结构形成的二面角散射为主导散射机制时，才能够利用InSAR技术监测植被冠层下湿地水位变化（Lu et al.，2005）。通过评价不同波段、不同入射角的SAR数据对不同类型湿地水位的反映，科学家得出L波段、HH极化和小入射角的SAR数据最适合湿地的水位监测（Wdowinski et al.，2008）。Lu和Kwoun（2008）利用ENVISAT ASAR数据对Louisiana东南部沼泽森林的湿地水位变化进行监测，研究表明在由中等密度（20%~50%冠层覆盖）树木构成的沼泽森林，C波段干涉对能够维持较高的相干性，因而可以利用C波段InSAR数据进行沼泽森林的水位变化监测。Hong等（2010a）

表 1.1　湿地 InSAR 应用概况，包括相关研究的主要结果

序号	参考文献	研究区域	中心经纬度	时间段	数据集	湿地类型	重要发现
1	Alsdorf 等（2000）	亚马孙盆地	3.5°S，61.5°W	1997	SIR-C 和 JERS-1	泛滥平原	通过对 L 波段 SAR 图像的干涉分析，可以得到淹没漫滩植被中水位变化的厘米级测量结果
2	Wdowinski 等（2004）	佛罗里达大沼泽地	26.3°N，80.3°W	1994	JERS-1	沼泽、沼泽和红树林	一个 L 波段的 InSAR 观测子集能够约束流动模型并改进表面流动参数的估计
3	Lu 等（2005）	路易斯安那州	29.8°N，90.6°W	1993～1998	ERS-1/2	沼泽森林	C 波段 InSAR 图像可以测量中等密度树木覆盖下的水位变化
4	Wdowinski 等（2008）	佛罗里达大沼泽地	26.3°N，80.3°W	1993～1996	JERS-1	沼泽、沼泽和红树林	在人工管理的湿地中，干涉条纹较规则，与一些受管理的水控制结构模式相关；在自然流区，干涉条纹不规则
5	Lu 和 Kwoun（2008）	路易斯安那州	29.8°N，90.6°W	1992～1999，2002～2005	RADARSAT-1、ENVISAT	沼泽森林	利用 VV 极化 ERS-1/ERS-2 以及 HH 极化 Radarsat-1 图像进一步量化了 C 波段 InSAR 测量的水位变化的能力
6	Kim 等（2009）	路易斯安那州	29.8°N，90.6°W	2007～2008	ALOSPALSAR、RADARSAT-1	沼泽森林	InSAR 和卫星雷达测高仪可以结合起来测量绝对水位变化
7	Hong 等（2010a）	佛罗里达大沼泽地	26.3°N，80.3°W	2008	TerraSAR-X	沼泽、沼泽和红树林	短时间基线的 X 波段 InSAR 可以监测湿地地表水位变化，精度为 2～4cm
8	Hong 等（2010b）	佛罗里达大沼泽地	26.3°N，80.3°W	2006～2007	RADARSAT-1	沼泽	提出了一种利用雷达干涉图在湿地上精确监测绝对水位时间序列的小时间基线子集（STBAS）方法
9	Gondwe 等（2010）	尤卡坦半岛的西安卡安	20.0°N，87.5°W	2006～2008	RADARSAT-1	沼泽、沼泽和红树林	对西安卡安湿地 SAR 和 InSAR 数据的分析表明，这些遥感数据可以在这片广阔的地下水湿地上产生局部尺度的水分界和地表水流向

续表

序号	参考文献	研究区域	中心经纬度	时间段	数据集	湿地类型	重要发现
10	Poncos 等（2013）	多瑙河三角洲	45.0°N，29.5°E	2007～2010	ALOSPALSAR	沼泽	将 D-InSAR 测量值与现有多瑙河三角洲水文状况数学模型推算的水位变化值进行了比较
11	Xie 等（2013）	黄河三角洲	37.7°N，119.0°E	2008～2009	ALOSPALSAR	沼泽	HH 极化 L 波段合成孔径雷达数据可以准确地检测芦苇网中水位的变化，精度可达厘米级
12	Kim 等（2013）	佛罗里达大沼泽地	26.3°N，80.3°W	1993～1999 2004～2005	JERS-1、ERS-1/2 和 RADARSAT-1	沼泽、沼泽和红树林	分析了大沼泽地湿地干涉相干性与极化、入射角、波长等 SAR 固有参数、湿地类型、物理和时间 InSAR 分量之间的关系
13	Kim 等（2014）	佛罗里达大沼泽地	26.3°N，80.3°W	2007～2011	PALSAR 和 RADARSAT-1	沼泽、沼泽和红树林	SAR 后向散射系数与干涉测量（InSAR）的互补可以提高大沼泽地高空间分辨区水位变化的估计
14	Hong 和 Wdowinski（2014）	佛罗里达大沼泽地	26.3°N，80.3°W	2007～2011	ALOSPALSAR	沼泽	提出了一种新的多径多时间算法来计算绝对水位时间序列，提高了获取频率，具有很高的空间分辨率（40m）

利用多极化的 TerraSAR-X 数据开展了 Everglades 湿地的水位变化监测，结果表明利用较短空间基线的 X 波段 InSAR 数据同样能够对湿地水位变化进行监测。利用不同波段、不同极化的 SAR 数据，Kim 等（2013）系统分析了空间基线和时间基线对不同湿地植被类型的干涉相干性影响，结果表明 L 波段干涉对在湿地区域的相干性主要与垂直基线相关，而 C 波段的相干性则严重依赖于时间基线。极化方式同样对于 C 波段的湿地干涉测量产生重要影响，HH 极化比 VV 极化在沼泽森林能够更长时间保持干涉相干性（Hong et al.，2010b）。在最新的研究中，Kim 等（2014）进一步研究了 SAR 后向散射系数与湿地水位变化之间的关系，探索了直接利用 SAR 后向散射系数反演湿地水位变化的潜力。与此同时，星载雷达高度计可以作为 InSAR 的有利补充来估计沼泽森林下的绝对水位（Kim et al.，2009）。

在国内，谢酬最早开展差分干涉测量湿地水位监测方面的研究，提出了基于分布式散射的干涉测量湿地水位反演技术，获取了芦苇湿地高分辨率的水位数据（Xie et al.，2013）；同时谢酬在后续研究中，结合北京师范大学崔保山教授研究组实测的多期水深数据，进一步实现了从水位到水深的转化，满足了生态学家评价湿地生态健康状况对高分辨率时间序列水深图的需求（Xie et al.，2015）。

以上这些湿地水位变化研究，主要集中于沼泽森林下湿地水位变化情况，而在我国的高原湿地，沼泽森林在自然湿地中所占的比例非常小，而主要的自然湿地类型为草甸湿地。因而为了对高原湿地的水位变化进行分析，需要对其湿地水位变化的研究对象进行扩展，分析不同湿地类型是否能在较长的时间内维持高的相干性，能否利用干涉测量技术进行湿地水位变化分析。同时上述的研究主要集中于较短时间内的水位变化，没能获取长时间序列的湿地水位变化，而长时间序列的湿地水位变化能为水文模型提供一个决定性的参数，对于湿地保护和开发具有重要意义。由于易受到时间去相干、空间去相干和大气延迟的影响，传统差分干涉测量研究湿地水位的长时间序列变化是不够的。

本书的研究目标在于充分发挥合成孔径雷达在湿地生态环境监测方面的优势，针对反映湿地生态环境状况的关键指数——湿地水位、水深开展反演研究，为湿地生态系统健康评估和生态系统功能科学评价提供重要参考依据。

参 考 文 献

崔保山，杨志峰，2006. 湿地学. 北京：北京师范大学出版社.

黎夏，刘凯，王树功，2006. 珠江口红树林湿地演变的遥感分析 . 地理学报，61（1）：26-34.

廖静娟，沈国状，2008. 基于多极化 SAR 图像的鄱阳湖湿地地表淹没状况动态变化分析 . 遥感技术与应用，(4)：373-377.

廖静娟，王庆，2009. 利用 Radarsat-2 极化雷达数据探测湿地地表特征与分类 . 国土资源遥感，21（3）：70-73.

刘凯，2007. 基于知识发现的珠江口湿地识别监测及演变规律挖掘研究 . 广州：中国科学院广州地球化学研究所 .

沈国状，廖静娟，郭华东，等，2009. 基于 ENVISATASAR 数据的鄱阳湖湿地生物量反演研究 . 高技术通讯，2009（6）：644-649.

周德民，宫辉力，胡金明，等，2006. 中国湿地卫星遥感的应用研究 . 遥感技术与应用，21（6）. 577-583.

Alsdorf D E，Melack J M，Dunne T，et al.，2000. Interferometric radar measurements of water level changes on the Amazon flood plain. Nature，404（6774）：174-177.

Arzandeh S，Wang J F，2002. Texture evaluation of RADARSAT imagery for wetland mapping. Canadian Journal of Remote Sensing，28（5）：653-666.

Baghdadi N，Bernier M，Gauthier R，et al.，2001. Evaluation of C-band SAR data for wetlands mapping. International Journal of Remote Sensing，22（1）：71-88.

Bartsch A，Scipal K，Wolski P，et al.，2006. Microwave remote sensing of hydrology in southern Africa. Proceedings of the 2nd Göttingen GIS & Remote Sensing Days：Global Change Issues in Developing and Emerging Countries，4-6 October，2006.

Bartsch A，Wagner W，Scipal K，et al.，2009. Global monitoring of wetlands—the value of ENVISAT ASAR Global mode. Journal of Environmental Management，90（7）：2226-2233.

Bartsch A，Kidd R，Pathe C，et al.，2010. Satellite radar imagery for monitoring inland wetlands in boreal and sub-arctic environments. Journal of Aquatic Conservation：Marine and Freshwater Ecosystems，17（3）：305-317.

Birkett C M，1995. The contribution of TOPEX/POSEIDON to the global monitoring of climatically sensitive lakes. Journal of Geophysical Research，100（C12）：25179-25204.

Birkett C M，Mertes L A K，Dunne T，et al.，2002. Surface water dynamics in the Amazon Basin：application of satellite radar altimetry. Journal of Geophysical Research Atmospheres，107（D20）：LBA26-1-LBA26-21.

Bourgeau-Chavez L L，Smith K B，Brunzell S M，et al.，2005. Remote monitoring of regional inundation patterns and hydroperiod in the greater everglades using synthetic aperture radar. Wetlands，25（1）：176-191.

Bwangoy J R B，Hansen M C，Roy D P，et al.，2010. Wetland mapping in the Congo Basin using optical and radar remotely sensed data and derived topographical indices. Remote Sensing of Environment，114（1）：73-86.

Castañeda C，Herrerp J，Conesa J A，2013. Distribution，morphology and habitats of saline wetlands：a case study from Monegros，Spain. Geologica Acta，11（4）：371-388.

Cui B，Tang N，Zhao X，et al.，2009a. A management-oriented valuation method to determine ecological water requirement for wetlands in the Yellow River Delta of China. Journal for Nature Conservation, 17 (3): 129-141.

Cui B, Yang Q, Yang Z, Zhang K, 2009b. Evaluating the ecological performance of wetland restoration in the Yellow River Delta, China. Ecological Engineering, 35 (7): 1090-1103.

Frappart F, Calmant S, Cauhopé M, et al., 2006. Preliminary results of ENVISAT RA-2-derived water levels validation over the Amazon basin. Remote Sensing of Environment, 100 (2): 252-264.

Ghedira H, Bernier M, Ouarda T, 2000. Application of neural networks for wetland classification in RADARSAT SAR imagery. IEEE International Geoscience & Remote Sensing Symposium: 675-677. DOI: 10.1109/IGARSS.2000.861668.

Gondwe B R N, Hong S H, Wdowinski S, et al., 2010. Hydrodynamics of the groundwater-dependent Sian Ka'an wetlands, Mexico, from InSAR and SAR data. Wetlands, 30 (1): 1-13.

Hess L L, Melack J M, Novo E M, et al., 2003. Dual-season mapping of wetland inundation and vegetation for the central Amazon basin. Remote Sensing of Environment, 87 (4): 404-428.

Hess L L, Melack J M, Affonso A G, et al., 2015. Wetlands of the Lowland Amazon Basin: extent, vegetative cover, and dual-season inundated area as mapped with JERS-1 Synthetic Aperture Radar. Wetlands, 35 (4): 745-756.

Hong S H, Wdowinski S, 2014. multitemporal multitrack monitoring of wetland water levels in the florida everglades using ALOS PALSAR data with interferometric processing. IEEE Geoscience & Remote Sensing Letters, 11 (8): 1355-1359.

Hong S H, Wdowinski S, Kim S W, 2010a. Evaluation of TerraSAR-X observations for wetland InSAR application. IEEE Transactions on Geoscience and Remote Sensing, 48 (2): 864-873.

Hong S H, Wdowinski S, Kim S W, et al., 2010b. Multi-temporal monitoring of wetland water levels in the Florida Everglades using interferometric synthetic aperture radar (InSAR). Remote Sensing of Environment, 114 (11): 2436-2447.

Kasischke E S, Bourgeau-Chavez L L, 1997. Monitoring South Florida wetlands using ERS-1 SAR imagery. Photogrammetric Engineering and Remote Sensing, 63 (3): 281-291.

Kasischke E S, Smith K B, Bourgeau-Chavez L L, et al., 2003. Effects of seasonal hydrologic patterns in south Florida wetlands on radar backscatter measured from ERS-2 SAR imagery. Remote Sensing of Environment, 88 (4): 423-441.

Kim J W, Lu Z, Lee H, et al., 2009. Integrated analysis of PALSAR/Radarsat-1 InSAR and ENVISAT altimeter data for mapping of absolute water level changes in Louisiana wetlands. Remote Sensing of Environment, 113 (11): 2356-2365.

Kim J W, Lu Z, Jones J W, et al., 2014. Monitoring Everglades freshwater marsh water level using L-band synthetic aperture radar backscatter. Remote Sensing of Environment, 150 (1): 66-81.

Kim S W, Wdowinski S, Amelung F, et al., 2013. Interferometric coherence analysis of the Everglades wetlands, South Florida. IEEE Transactions on Geoscience and Remote Sensing, 51 (12): 5210-5224.

Lang M W, Townsend P A, Kasischke E S, 2008. Influence of incidence angle on detecting flooded forests using

C-HH synthetic aperture radar data. Remote Sensing of Environment，112（10）：3898-3907.

Lonnqvist A，2010. Polarimetric SAR Data in Land Cover Mapping in Boreal Zone. IEEE Transactions on Geoscience and Remote Sensing，48（10）：3652-3662.

Lu Z，Kwoun O I，2008. Radarsat-1 and ERS InSAR analysis over southeastern coastal Louisiana：implications for mapping water-level changes beneath swamp forests. IEEE Transactions on Geoscience and Remote Sensing，46（8）：2167-2184.

Lu Z，Crane M，Kwoun O I，et al.，2005. C-band radar observes water level change in swamp forests. Eos Transactions American Geophysical Union，86（14）：141-144.

Moghaddam M，2002. Estimation of comprehensive forest variable sets from multiparameter SAR data over a large area with diverse species 2001 IEEE International Geoscience and Remote Sensing Symposium. DOI：10.1109/IGARSS.2001.977026.

Patel P，Srivastava H S，Navalgund R R，2006. Estimating wheat yield：an approach for estimating number of grains using cross-polarised ENVISAT-1 ASAR data. Proceedings of SPIE-The International Society for Optical Engineering. DOI：10.1117/12.693930.

Patel P，Hari S S，Ranganath R N，2009. Use of synthetic aperture radar polarimetry to characterize wetland targets of Keoladeo National Park，Bharatpur，India. Current Science，97（4）：529-537.

Poncos V，Teleaga D，Bondar C，et al.，2013. A new insight on the water level dynamics of the Danube Delta using a high spatial density of SAR measurements. Journal of Hydrology，482（5）：79-91.

Ramsey E W，Nelson G A，Sapkota S K，1998. Classifying coastal resources by integrating optical and radar imagery and color infrared photography. Mangroves & Salt Marshes，2（2）：109-119.

Richards J，Woodgate P，Skidmore A，1987. An explanation of enhanced radar backscattering from flooded forests. International Journal of Remote Sensing，8（7）：1093-1100.

Rio J N R，Lozano-Garca D F，2000. Spatial Filtering of Radar Data（RADARSAT）for Wetlands（Brackish Marshes）Classification. Remote Sensing of Environment，73（2）：143-151.

Rossi C，Erten E，2015. Paddy-Rice monitoring using TanDEM-X. IEEE Transactions on Geoscience and Remote Sensing，53（2）：900-910.

Sun G，Simonett D S，Strahler A H，1991. A radar backscatter model for discontinuous coniferous forests. IEEE Transactions on Geoscience and Remote Sensing，29（4）：639-650.

Taft O W，Haig S M，Kiilsgaard C，2003. Use of radar remote sensing（RADARSAT）to map winter wetland habitat for shorebirds in an agricultural landscape. Environmental Management，32（2）：268-281.

Touzi R，2006. Wetland characterization using Polarimetric RADARSAT-2 capability. 2006 IEEE International Symposium on Geoscience and Remote Sensing Symposium. DOI：10.1109/IGARSS.2006.423.

Touzi R，Deschamps A，Rother G，2009a. Phase of Target Scattering for Wetland Characterization Using Polarimetric C-Band SAR. IEEE Transactions on Geoscience & Remote Sensing，47（9）：3241-3261.

Touzi R，Deschamps A，Rother G，2009b. Scattering type phase for wetland classification using C-band polarimetric SAR. IEEE International Geoscience & Remote Sensing Symposium. DOI：10.1109/IGARSS.2008.4778983.

Wdowinski S, Amelung F, Miralles W F, et al., 2004. Space based measurements of sheet flow characteristics in the Everglades wetland, Florida. Geophysical Research Letters, 31 (15): 305-316.

Wdowinski S, Kim S W, Amelung F, et al., 2008. Space-based detection of wetlands' surface water level changes from L-band SAR interferometry. Remote Sensing of Environment, 112 (3): 681-696.

Xie C, Shao Y, Xu J, et al., 2013. Analysis of ALOS PALSAR InSAR data for mapping water level changes in Yellow River Delta wetlands. International Journal of Remote Sensing, 34 (5-6): 2047-2056.

Xie C, Xu J, Shao Y, et al., 2015. Long term detection of water depth changes of coastal wetlands in Yellow River Delta based on distributed scatterer interferometry. Remote Sensing of Environment, 164 (1): 238-253.

Yamagata Y, Yasuoka Y, 1993. Vegetation mapping and change analysis in South-East Asia from NOAA AVHRR LAC imageries. IEEE: 1683-1684. DOI: 10. 1109/IGARSS. 1993. 322440.

第2章　雷达干涉测量基本原理

合成孔径雷达干涉测量（interferometric synthetic aperture radar，InSAR）是利用同一地区观测的两幅SAR复数影像进行干涉处理，通过相位信息获取地表高程信息及形变信息的技术。

2.1　InSAR基本原理

根据成像时间，InSAR可以分为单次轨道（single-pass）和重复轨道（repeat-pass）两种模式。单次轨道干涉是指在同一机载或星载平台上装载两副天线，其中一副天线发射信号，两副天线都接受地面回波信号，并利用获取的数据进行干涉处理。重复轨道干涉是指同一传感器或相似传感器按照平行轨道两次对地成像，利用得到的数据进行干涉处理。两次成像时SAR系统之间的空间距离称为空间基线距，时间间隔称为时间基线。根据空间基线距与平台飞行方向之间的关系，InSAR又可以分为沿轨（along-track）和横轨（across-track）轨道两种。沿轨InSAR是指基线与飞行方向平行，可以用来精确测定地物的运动，如运动物体的变化检测、海洋洋流的速度场等，主要出现在机载双天线中。横轨InSAR是指基线与飞行方向垂直，在机载和星载平台中都有出现。目前国际上流行的星载SAR传感器，都是重复、横轨轨道模式，本书后面如无特别说明，均是指星载重复轨道横轨工作模式。

地面目标的SAR回波信号不仅包括幅度信息A，还包括相位信息φ，SAR图像上每个像元的后向散射信息可以表示为复数$Ae^{i\varphi}$。其中，相位信息包含SAR系统与目标的距离信息和地面目标的散射特性，即

$$\varphi=-\frac{4\pi}{\lambda}R+\varphi_{obj} \tag{2.1}$$

式中，4π为双程距离相位；R为SAR与地面目标之间的斜距；λ为波长；φ_{obj}为地面目标的散射相位。

重复轨道 InSAR 观测的几何关系如图 2.1 所示。S_1 和 S_2 分别表示主辅影像传感器；B 为空间基线距；α 为基线距与水平方向的倾角；θ 为主影像入射角；H 为主传感器的相对地面高度；R_1 和 R_2 分别为主辅影像斜距；P 为地面目标点，其高程为 h。设地面目标点 P 两次成像时的图像分别为

$$c_1=A_1 e^{i\varphi_1}, \quad c_2=A_2 e^{i\varphi_2} \tag{2.2}$$

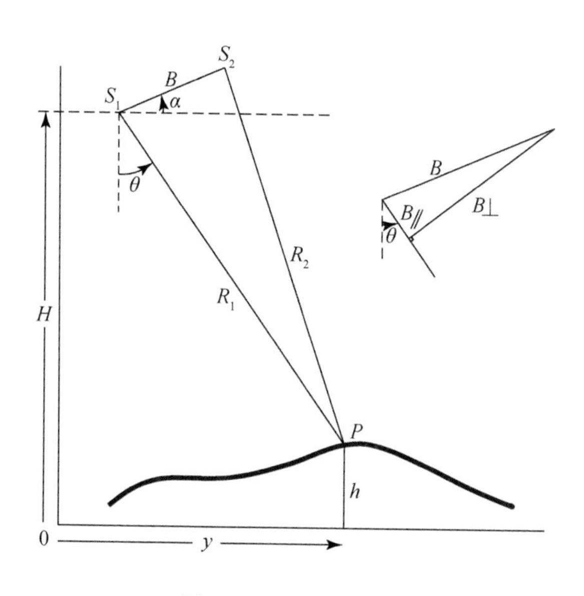

图 2.1　InSAR 原理图

式中，c_1 为主影像；c_2 为辅影像。主辅影像共轭相乘，即可得到复干涉图

$$I=c_1 \cdot c_2^*=A_1 A_2 e^{i(\varphi_1-\varphi_2)} \tag{2.3}$$

式中，*表示去共轭。设 φ 为干涉相位，则有

$$\varphi=\varphi_1-\varphi_2=-\frac{4\pi}{\lambda}(R_1-R_2)+(\varphi_{\text{obj1}}-\varphi_{\text{obj2}}) \tag{2.4}$$

这里的 φ 是真实干涉相位，在实际的图像处理中往往得到的是真实干涉相位在 $[-\pi, \pi)$ 的主值（缠绕相位），对其进行相位解缠操作即可得到真实干涉相位。

将空间基线距沿着入射方向和垂直于入射方向进行分解，即可得到垂直基线距 $B_\perp$ 和平行基线距 $B_{/\!/}$

$$B_\perp=B\cos(\theta-\alpha), \quad B_{/\!/}=B\sin(\theta-\alpha) \tag{2.5}$$

则去除平地相位之后，高程和相位之间的一般性公式为

$$h=-\frac{\lambda R\sin\theta}{4\pi B_\perp}\varphi \tag{2.6}$$

对式（2.6）两边去微分，可以得到干涉相位相对高程变化的敏感度，即

$$\Delta h = -\frac{\lambda R \sin\theta}{4\pi B_{\perp}} \Delta\varphi \tag{2.7}$$

式（2.7）表明高程的量测精度取决于斜距和基线的比 R/B。在 SAR 成像系统中，一般$R \gg B$，也即 $\Delta\varphi$ 的微小误差经过放大后传递给高程值，也会引起很大误差。

定义 $\Delta\varphi = 2\pi$ 时的高度变化为模糊高度，即

$$h_{2\pi} = -\frac{\lambda R \sin\theta}{2B_{\perp}} \tag{2.8}$$

模糊高度是干涉条纹周期的高差估计，被用来表征干涉相位对地形高程变化的灵敏度（廖明生和林珲，2003）。

在差分干涉测量（differential interferometric synthetic aperture radar，D-InSAR）中，更加关注的是地表形变 d 与干涉相位 $\Delta\varphi$ 之间的关系：

$$\Delta\varphi = \frac{4\pi}{\lambda} d \tag{2.9}$$

2.2　去相干分析

2.2.1　干涉相干

D-InSAR 利用差分干涉相位计算高程和形变参数，其干涉相位的质量决定了最终参数的反演质量，而干涉相位的质量取决于 SAR 影像的质量。SAR 回波信号中不仅包含传感器与地面目标的距离信息，还包含地面目标与雷达信号的反射信息。由于 SAR 影像分辨率有限，单个像元往往含有多个散射体，其像元的信号由分辨单元内多个散射体的回波信号相干矢量叠加而成（如图 2.2 分辨单元内的散射体回波信号矢量叠加），即

$$c = \sum_i c_i = \sum_i A_i e^{i\varphi_{obj}} \tag{2.10}$$

式中，c 为分辨单元的回波信号；c_i 为分辨单元内第 i 个散射体的回波信号。如果分辨单元内散射体是随机分布，总的信号将为复高斯分布。如果有一个散射体占主导，则分辨单元将被视为点散射体。

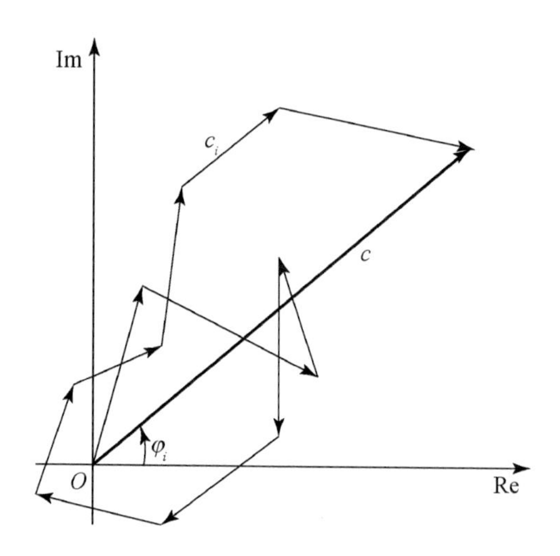

图 2.2　分辨单元内的散射体回波信号矢量叠加

如果两个电磁波的相位之间存在一定的关系，它们就是相干的。相干系数就是表征相干性的重要指标，其定义为（Bamler and Just，1993）

$$\gamma=\frac{E(c_1c_2^*)}{\sqrt{E(|c_1|^2)E(|c_1|^2)}} \tag{2.11}$$

式中，$E()$ 表示期望值。相干系数与干涉相位的稳定性有关。假设散射体服从高斯分布，则干涉相位的概率密度函数 pdf（Bamler and Hartl，1998）为

$$\mathrm{pdf}(\varphi)=\frac{1-|\gamma|^2}{2\pi}\frac{1}{1-|\gamma|^2\cos^2(\varphi-\varphi_0)}\left\{1+\frac{|\gamma|\cos(\varphi-\varphi_0)\arccos[-|\gamma|\cos(\varphi-\varphi_0)]}{\sqrt{1-|\gamma|^2\cos^2(\varphi-\varphi_0)}}\right\} \tag{2.12}$$

式中，φ_0 为真实相位，如图 2.3 所示。干涉相位标准差 σ_φ 有

$$\sigma_\varphi^2=\frac{\pi^2}{3}-\pi\arcsin(|\gamma|)+\arcsin^2(|\gamma|)-\frac{\mathrm{Li}_2(|\gamma|^2)}{2} \tag{2.13}$$

式中，σ_φ^2 为方差，$\mathrm{Li}_2()$ 为二次对数函数（dilogarithm），相位标准差随相干系数的变化关系如图 2.4 所示。

可以看出，当相干系数增加时，相位分布更加集中于真实 φ_0，相位的标准差越小，也就是说相位噪声减小，相位稳定性增加。

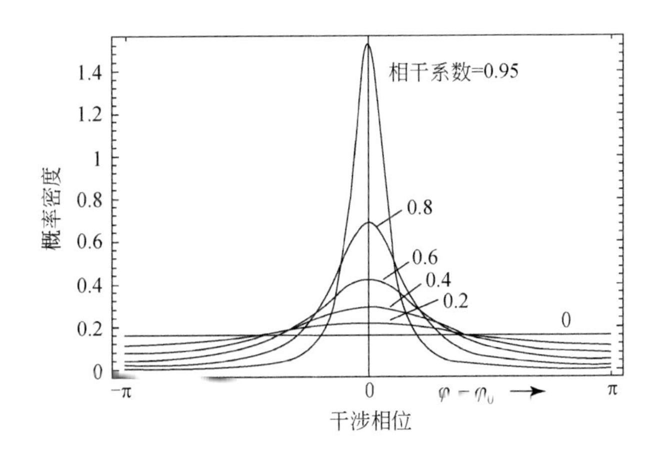

图 2.3　干涉相位随相干系数的概率密度曲线（Bamler and Hartl，1998）

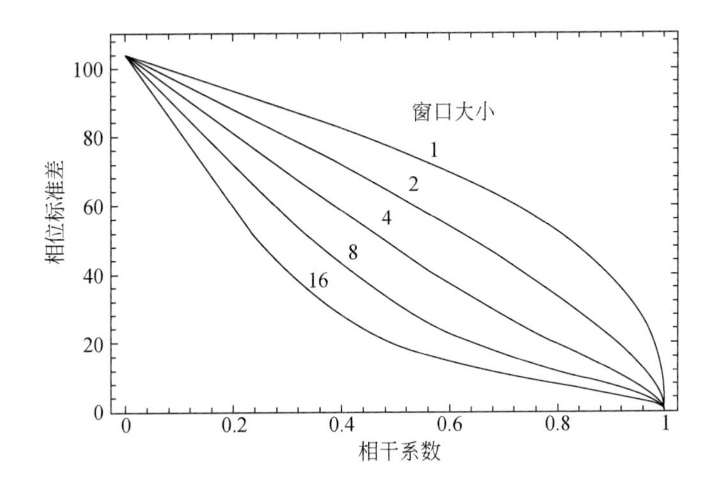

图 2.4　干涉相位标准差随相干系数和窗口大小的关系（Bamler and Hartl，1998）

2.2.2　去相干源

干涉图的相干性代表了雷达回波信号之间的干涉质量，但在信号的接收与数据处理过程中存在着去相干的影响因素，使得干涉图的相干性降低，并影响最终的高程和形变的反演精度。主要的去相干的影像因素包括以下六类（Zebker and Villasenor，1992；Bamler and Hartl，1998）：

（1）时间去相干 $\gamma_{temporal}$；

（2）空间基线去相干 $\gamma_{spatial}$；

（3）方位向旋转/多普勒质心去相干 $\gamma_{rotation}$；

（4）体散射去相干 γ_{vol}；

（5）系统热噪声去相干 $\gamma_{thermal}$；

（6）数据处理去相干 $\gamma_{process}$。

因此，总的去相干可表示为

$$\gamma_{total}=\gamma_{temporal}\cdot\gamma_{spatial}\cdot\gamma_{rotation}\cdot\gamma_{vol}\cdot\gamma_{thermal}\cdot\gamma_{process} \tag{2.14}$$

其中，时间去相干是成像区地物随着时间变迁、地表运动等因素发生散射特性变化产生的；空间基线去相干是由干涉影像不同入射视角差在距离向地物频谱投影到数据频谱时产生的频谱偏移引起的；方位向旋转去相干是由方位向上的视角差导致的主辅影像干涉对的多普勒质心频率差引起的；体散射去相干主要针对有一定几何分层、具有体积的散射体，它是雷达波经过多次散射造成的去相干，其对应的典型地物为具有分层结构的森林；系统热噪声去相干主要受到卫星传感器系统的影响；数据处理去相干是指一切由数据操作而导致的去相干，如主辅影像的配准、辅影像重采样、插值等处理。

2.3 时间序列干涉测量基本原理

时间序列干涉测量的主要目的是解决合成孔径雷达干涉测量技术受到时间去相干、空间去相干和大气扰动的影响。从一系列 SAR 图像中选取那些在时间序列上保持高相干性的地面目标点作为研究对象，利用它们的散射特性在长时间基线和空间基线上的稳定性，获取可靠的相位分析，分解各个永久散射体点上的相位组成，消除轨道误差、高程误差和大气扰动等因素对地表形变分析的影响，得到长时间序列内的地表形变信息。在时间序列干涉测量相关技术中，最经典的永久散射体合成孔径雷达干涉测量（persistent scatterer interferometric synthetic aperture radar，PS-InSAR）相关技术由 Ferretti 等（1999）提出并发展成熟。

2.3.1 PS-InSAR 基本理论

永久散射体合成孔径雷达干涉测量（PS-InSAR）技术，利用 N 幅 SAR 影像数据，根据统计分析结果，利用幅度离散差、相干系数等方法选择影像上的永久散射体（PS）目标，通过对永久散射体上相位值进行去除平地和地形相位，形成差分干涉相位；通过三维空间相位解缠，获得线性形变速率和高程改正值，利用滤波手段分离大气相位、非线性形变相位和噪声，将线性形变速率与非线性形变速率结合，得到整个区域的形变场信息。

假设拥有覆盖同一地区的 N 幅 SAR 影像，首先选择一幅影像作为主影像，其他影像作为辅影像与主影像进行配对，可以形成 $N-1$ 幅影像对。为了使其他影像与公共主影像的干涉相干性达到最优，主影像的选取是关键。理论表明，雷达干涉测量系统主要受到空间基线、多普勒质心差和时间间隔的影响。为了尽可能提高 InSAR 影像的相干性，必须尽可能降低这三方面的影响。因此，通常以时间基线、空间基线、多普勒质心差这三个因子为评价指标，建立合适的模型，计算得出序列干涉 SAR 影像公共主影像的最优解。

针对 D-InSAR 算法中的时间、空间相干性低的问题，PS-InSAR 算法利用永久散射体作观测目标，保证了时间相干性及空间相干性，并且利用大气区域相关性的特点，降低了大气延迟对形变信息的干扰，从而有效提取地表形变信息。PS-InSAR 技术打破了 D-InSAR 技术的诸多限制条件，具有更广泛的适用性。永久散射体是指具有稳定雷达散射特性的目标，这些目标可在数年甚至更长时间内保持稳定的雷达散射特性，在 SAR 影像上表现为具有高相干的像元。

由 2.1 节的分析，可以得出干涉相位可由公式（2.15）表示：

$$\Delta_{\rho}=\varphi_{f}+\varphi_{t}+\varphi_{d}+\varphi_{a}+\varphi_{n} \tag{2.15}$$

其中，公式（2.15）中各项定义及特性见表 2.1，形变部分可以认为由线性部分及非线性部分组成，即：

$$\varphi_{d}=\frac{4\pi}{\lambda}\times T\times\Delta v+\varphi_{nonliner} \tag{2.16}$$

$$\varphi_{res}=\varphi_{nonliner}+\varphi_{a}+\varphi_{n} \tag{2.17}$$

表 2.1　PS 点干涉相位组分信号时空属性特征

相位组分	相位名称	空间维属性	时间维属性
φ_{d}	形变相位	低频	低频
φ_{a}	大气相位	低频	高频
φ_{f}	平地相位	低频	与平行基线相关
φ_{t}	DEM 误差相位	高频	与垂直基线相关
φ_{n}	噪声相位	高频	高频

干涉相位中的参考面相位 φ_f 和地形相位 φ_t 可以分别通过空间基线计算与外部 DEM 数据模拟得到，为保证最终得到的形变相位的精度，必须将这两类相位误差去除。必须要指出的是，外部 DEM 数据并不能完全反映区域内地表高程，因此存在地形相位误差，即高程残差 $\Delta\varphi_d$。

最后一项 φ_{res} 为残余相位，包含非线性形变、大气相位以及噪声相位，一般当公式（2.17）等号左边 φ_{res} 的绝对值小于 π 时，通过二维频谱额分析，可以求解线性形变速率 Δv 和高程残差 $\Delta\varphi_d$，利用高程残差 $\Delta\varphi_d$ 重新改正地形相位后，重复上面的步骤，进行迭代，直到高程残差低于阈值时，迭代结束。此时，对残余相位分别使用时间域滤波与空间域滤波，提取大气相位和非线性形变相位。最后将非线性形变相位和线性形变相位组合成为形变相位，如此可以提取真实的形变相位。

2.3.2　PS-InSAR 主要技术流程

PS-InSAR 的主要技术流程如图 2.5 所示。

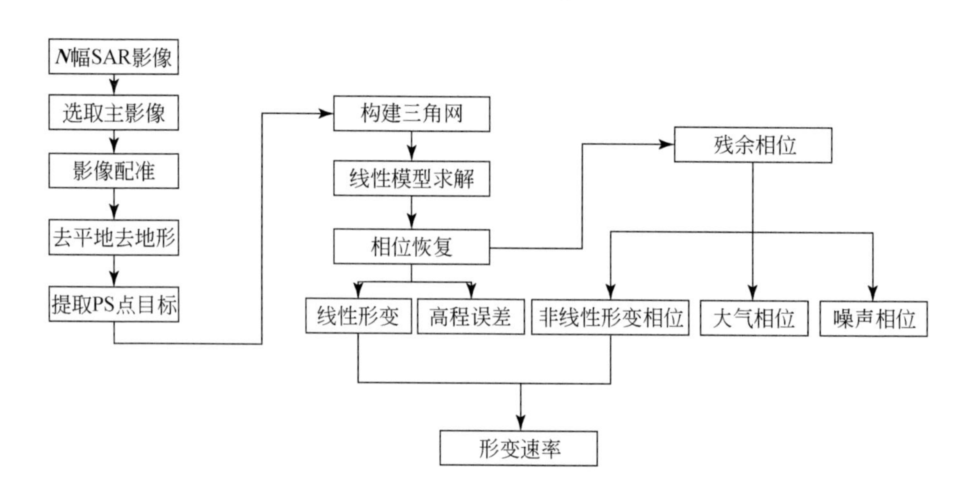

图 2.5　PS-InSAR 技术流程图

（1）差分干涉相位图生成：首先将给定的 $N+1$ 景 SAR 影像中构成干涉组合网络，根据传统的小基线子集方法，在常规的时间基线、空间基线的垂直分量和多普勒质心频率差三个相干性影响因子的基础上，增加了时间基线的季节性变化、降水量两个影响因子，用于预估干涉对的相干性；然后根据计算得到的相干矩阵，选取具有高相干性的像对参与后续的时间序列形变反演。将构成干涉组合网络的干涉像对根据合成孔径雷达干涉测量处理方法生成若干幅干涉相位图。利用外部 DEM 或者相干性较好的若干干涉对生成的 DEM，消除地形相位，生成差分干涉相位图。

（2）选择永久散射体候选点：挑选具有稳定散射特性的地面目标作为永久散射体候选点，直接利用 SAR 干涉相位图来选择相位稳定的散射点误差较大，而幅度离散度与相位发散程度有一定的关系，在幅度离散度小于 0.25 时，可以利用幅度离散度来估计相位发散的程度。为了对同一地面目标点在不同 SAR 影像上的幅度值进行比较，需要将各影像进行辐射校正。逐个像元地进行幅度值的分析，计算每个像元的幅度平均值和标准偏差的比值，并选取合适的评价指标和阈值，筛选出永久散射体候选点。这种方法受影像数量的影响较大，在影像数量较少时，不能正确地对幅度稳定性进行统计，产生较大的误差。

（3）形变和高程误差的估计：在选出的永久散射体候选点（permanent scatterers candidate，PSC）上，差分干涉相位可以表示成形变相位、高程误差相位、轨道误差相位、大气扰动相位和噪声相位之和。假定地表形变以线性形变为主，而高程误差相位与高程误差呈线性关系。但是由于此时每个 PSC 点上的差分干涉相位为缠绕相位，且在不同的差分干涉图上存在着相位漂移，无法直接解算每个 PSC 点上的方程计算出线性形变速率和 DEM 误差。此时需要构建 Delaunay 三角网连接 PSC 点，建立相邻 PSC 点之间的差分相位模型，降低非线性形变和大气扰动相位的影响。对于每一对相邻的 PSC 点，可以得到若干个方程，构成一个非线性的方程组，可以通过周期图等方法来搜索方程组的解——相邻 PSC 点之间的线性形变速率差和 DEM 误差的差异，并计算整体相关系数，采用相位解缠算法得到离散网格中每个 PSC 点上的线性形变速率和 DEM 误差。

（4）大气相位校正：在估计出每个 PSC 点上的线性形变速率和 DEM 误差并移除这部分相位之后，剩余的相位由非线性形变相位、大气扰动相位和噪声相位组成，其中大气相位和非线性形变相位在时间域和空间域具有不同的分布特征：非线性形变在空间域的相关长度较小，而在时间域具有低频特征；大气扰动在空间域的相关长度较大，在时间域呈现一个随机分布，可以理解为一个白噪声过程。因而大气相位可以根据其在时间域的高通和空间域的低通特性，在每个 PSC 点上使用三角窗滤波器对时间域进行滤波，提取时间域的高频成分，在每个干涉对上对空间域进行滤波，提取空间域的低频成分，从而得到PSC点上的大气扰动相位。利用Kriging（克里金）插值方法来估算所有干涉对上所有的像素点上的大气扰动相位，并将计算出来的大气相位从差分干涉相位图中移除。

（5）PS点上形变和高程误差的重估计：在移除大气扰动相位之后，利用整体相关系数来选择永久散射体，保留整体相干系数大于一定阈值的PSC点作为PS点。在保留下来的PS点上重新建立方程组计算出线性形变速率和DEM误差，通过Kriging插值得到形变时间序列图和修正后的DEM。

2.4 问题的提出

干涉测量技术在监测滨海湿地水位变化方面具有很大的潜力，但要利用干涉测量技术进行长时间序列湿地水位变化监测的研究，首先要解决以下几个方面的问题。

（1）湿地上的稳定散射体：在湿地区域，地表覆盖与城市区域有很大的区别，不存在大量的人工建筑，主要地物为植被和水面等，这就需要确定在湿地是否存在稳定散射体点，什么样的地面目标为稳定散射体点。

（2）离散数据解缠问题：三维离散数据的解缠是永久散射体形变分析中的关键所在，如何进行三维离散数据的解缠，保证湿地水文信息提取的精度？

（3）水位变化模型问题：湿地的水位变化具有什么样的模型，在稳定散射体分析中，采用什么样的形变模型计算湿地的水位变化？

（4）稳定散射处理流程：由于湿地的地表覆盖以植被为主，相对于城市区域，受时间去相干和空间去相干更严重，应该采用什么样的方法保证差分干涉处理的精度？对于多年湿地的形变分析，必须改进稳定散射体处理流程，以保证水文信息提取的精度。

本书针对以上四个方面的问题在后续的章节中展开了讨论，利用相干特性分析湿地的稳定散射体情况，提出了适用于湿地区域稳定散射体处理流程，进行了长时间序列的湿地水文反演研究。

参考文献

廖明生，林珲，2003. 雷达干涉测量：原理与信号处理基础. 北京：测绘出版社.

Bamler R，Hartl P，1998. TOPICAL REVIEW：synthetic aperture radar interferometry. Inverse Problems，

14（4）：1.

Bamler R，Just D，1993. Phase statistics and decorrelation in SAR interferograms. International Geoscience & Remote Sensing Symposium. IEEE：980-984. DOI：10. 1109/IGARSS. 1993. 322637.

Ferretti A，Prati C，Rocca F，1999. Non-uniform motion monitoring using the permanent scatterers technique. Proc. 2nd Int. Workshop ERS SAR Interferometry，FRINGE，Liège，Belgium：1-6.

Zebker H A，Villasenor J，1992. Decorrelation in interferometric radar echoes. IEEE Transactions on Geoscience & Remote Sensing，30（5）：950-959.

第3章　差分干涉测量湿地水位变化研究

利用合成孔径雷达差分干涉测量技术监测湿地水位变化，对湿地保护、恢复和重建具有非常重要的意义。本书利用C波段VV极化和L波段HH极化合成孔径雷达影像，结合同步野外测量和调查工作，在各季节不同时间间隔下，研究了不同湿地类型的后向散射特性差异和干涉相干性差异；在对影响干涉相干性的因素进行评价的基础上，建立了差分干涉测量湿地水位变化监测的函数模型，利用获取的合成孔径雷达影像，分析了黄河三角洲的天然湿地水位变化。研究结果表明，利用差分干涉测量技术不仅可以获取湿地水位变化，而且还能提供水位变化的空间细节，这是本书所提出技术最突出的特色。

3.1　差分干涉测量湿地水位变化的函数模型

在湿地区域，合成孔径雷达接收的回波信号相对于开阔水面要更加复杂，对于淹水的植物覆盖区域，雷达回波信号包括了来自植物冠层的面散射回波、植物冠层的体散射回波以及植物茎秆和水面的双向（double bounce）散射效应回波（Zebker and Goldstein，1986；Bamler and Hartl，1998）。在移除了平地相位、地形相位之后，湿地区域的干涉相位主要由卫星两次对地物成像时面散射相位差、体散射相位差和双向散射相位差组成。

由于构成干涉对的两景ASAR影像分别获取于不同时间，因而必须对干涉对的去相干效应进行评价。除了热噪声去相干，有3类因素造成湿地干涉测量的去相干效应（Rosen et al.，2002）：①由不同的入射角对同一地物成像造成的几何去相干；②由体散射效应造成的体散射去相干；③由环境随时间变化造成的时间去相干。几何去相干、体散射去相干、时间去相干相互交叉共同影响湿地干涉测量的相干性。通过对干涉相干性的评价，能够判断利用双向散射信号获取水位变化的能力。组合的失相干能够利用雷达干涉测量图像来进行估算。失相干决定了应用双向散射来监测水位变化的能力。当双向散射在雷达回波信号中占主导时，重复轨道干涉测量保持极高的相干性，干涉测量相位值能够用于监测湿地水位变化。干涉测量相位与湿地水位变化具有如下的关系：

$$\Delta h=-(\lambda\varphi/4\pi\cos\theta)+n \tag{3.1}$$

公式（3.1）中，Δh 是湿地水位变化；λ 是波长（对于 ENVISAT ASAR 为 5.6cm，而对于 ALOS PALSAR 为 25.6cm）；θ 为雷达入射角；n 为噪声，主要由前面提到的失相干因素造成。

3.2　研究区与数据情况

3.2.1　研究区概况

为了揭示差分干涉测量对滨海湿地水位变化监测的潜力，扩展差分干涉测量湿地水位变化监测的应用范围，本研究以山东黄河三角洲国家级自然保护区为研究区。黄河三角洲国家级自然保护区（37°35′N ~ 38°12′N，118°33′E ~ 119°20′E）位于山东省东北部的渤海之滨，包括黄河入海口和1976年以前引洪的黄河故道，总面积约为 15.3×10^4 km^2，是以保护新生湿地生态系统和珍稀濒危鸟类为主的湿地类型自然保护区。该保护区内河流纵横交错，形成明显的网状结构，各种湿地景观呈斑块状分布。在保护区中，常年积水湿地占湿地总面积的63%，季节性积水湿地占湿地总面积的37%（孙志高等，2011）。该保护区的土地资源是黄河近百年来携带大量泥沙填充渤海凹陷成陆的海相沉积平原，地势平坦宽广，海拔为0 ~ 5m，气候为暖温带季风型大陆性气候，每年5 ~ 10月为植物生长期。

3.2.2　SAR 数据情况

获取了完全覆盖研究区的 C 波段 ENVISAT ASAR（Advanced Synthetic Aperture Radar）影像4景和 L 波段 ALOS PALSAR（Phased Array type L-band Synthetic Aperture Radar）影像5景。获取的4景 ASAR 影像为 VV 极化，降轨数据，包括有两景植物落叶季节的影像和两景植物长叶季节的影像，影像中心入射角为18.019°。获取的5景 L 波段 ALOS PALSAR 影像为 HH 极化，升轨数据，中心入射角为34.3°，包括了两景植物落叶季节（11月至翌年4月）的影像和3景植物长叶季节（5～10月）的影像。表3.1中列举了获取的4景ENVISAT ASAR影像和5景ALOS PALSAR影像的相关参数。

表3.1　SAR数据参数

传感器	获取时间	极化方式	轨道模式	轨道号	视角/（°）
ASAR	2008-11-27	VV	降轨	132	18.019
ASAR	2009-02-05	VV	降轨	132	18.019
ASAR	2009-06-25	VV	降轨	132	18.019
ASAR	2009-07-30	VV	降轨	132	18.019
PALSAR	2008-11-15	HH	升轨	443	34.3
PALSAR	2008-12-31	HH	升轨	443	34.3
PALSAR	2009-07-03	HH	升轨	443	34.3
PALSAR	2009-08-18	HH	升轨	443	34.3
PALSAR	2009-10-03	HH	升轨	443	34.3

3.2.3　水位观测点布设

在野外调查期间，布设了水文观测尺和Odyssey水位记录系统，并在ALOS卫星于2009年7月3日～10月3日3次通过研究区顶部时，在7个地物点上进行了3期水位观测，每个水文观测点利用GPS进行精确定位，以保证对比的水文观测和InSAR结果完全对应于同一地物点。

3.3　湿地雷达回波信号特征分析

对于开阔水面，平滑的开阔水面将反射大部分的雷达信号，导致雷达传感器只能接收极少的发射脉冲能量，同时由于水面随时间变化非常快，开阔水面的干涉相干性非常低。因而，干涉测量技术不适合于开阔水域的水位变化研究。而对于湿地区域，雷达接收的回波信号相对于开阔水面要更加复杂，对于洪水淹没的植被区域，雷达回波信号包括了植被冠层的面散射回波、植被冠层的体散射回波以及植物茎秆和水面的double bounce（双向）效应回波。各部分回波信号对总体回波能量的贡献，由植被类型、植被结构、植被是否落叶、植被冠层密闭度以及其他环境因素决定。对于沼泽湿地，主要的散射类型为体散射，以及可能部分来自植物茎秆和水面的 double bounce 散射。但是，当水面淹没植被较多，而植被露出水面的部分较少时，主要的散射类型为来自水面的面散射。

3.3.1　不同波段湿地散射特性对比分析

利用获取 ENVISAT ASAR 数据和 ALOS PALSAR 数据，生成了平均强度图，如图 3.1 所示。在对获取的 ENVISAT ASAR 数据和 ALOS PALSAR 数据全部进行了定标处理后，对比了不同地物目标的后向散射特性，开展了不同地物目标的后向散射的量化分析。

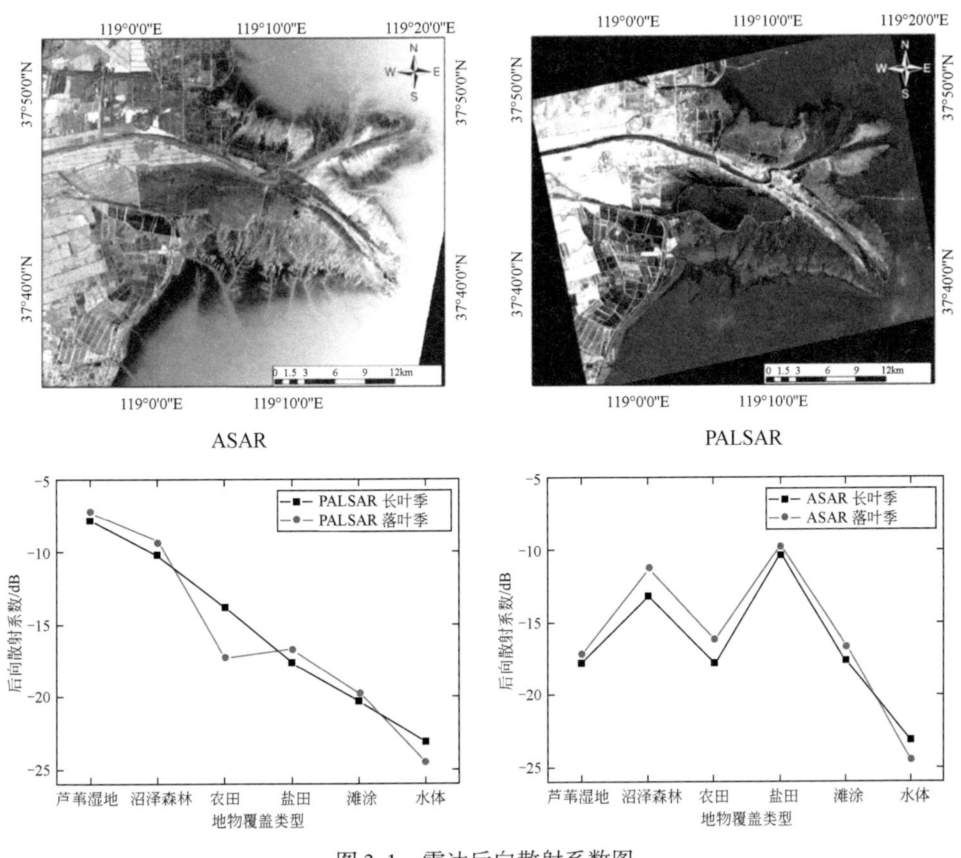

图 3.1　雷达后向散射系数图

对比 ASAR 和 PALSAR 的不同地物目标的后向散射系数，可以得出以下结论：①对于 L 波段 HH 极化数据，芦苇湿地和沼泽森林的后向散射以二面角散射为主；②而对于 C 波段 VV 极化数据，芦苇湿地的后向散射主要为体散射，而沼泽森林在长叶季节体散射为主要散射机制，在落叶季节二面角散射为主要散射机制；③在 PALSAR 数据上，芦苇湿地能够保持相对于其他地物目标较高的后向散射系数，而在 ASAR 数据上，芦苇湿地的后向散射系数相对较低；④黄河故道以北的滩涂区域，面散射为主要散射机制，在 C 波段 ASAR 数据上具有相对较高的后向散射系数，在 L 波段 PALSAR 数据上同样能维持在一个较高的水平；⑤盐田这样的人工湿地，以镜面散射为主要的散射机制，后向散射系数相对较低，略高于开放水面的后向散射系数，而农田的后向散射随着季节发生变化；⑥在研究区域，堤坝和道路由于与水面形成垂直结构，雷达回波以二面角散射为主要散射机制，同样具有较高的后向散射系数。总而言之，对于天然湿地，芦苇湿地、沼泽森林、滩涂在 L 波段 PALSAR 都保持较高的后向散射系数，而在 C 波段 ASAR 数据上，芦苇湿地后向散射系数较低，沼泽湿地只有在落叶季节具有较高的后向散射系数，滩涂能维持较高的后向散射系数。L 波段 HH 极化的 PALSAR 数据相对于 C 波段 VV 极化 ASAR 更适合于天然湿地水位变化的监测。

3.3.2　基于散射特征的湿地地物分类

本书分析了 SAR 数据上不同地物的回波信号上的差异：在湿地区域植被（芦苇、蓬蒿和柳树）覆盖下的水面，由于 double bounce 效应，在雷达图像的 HH 极化通道形成非常强的回波散射，且在较长的时间内保持稳定；滩涂区域为黄河三角洲最新生成的土地，由泥沙淤积而成，土壤含水量较高，仅有部分区域有十分稀薄的植被覆盖，雷达接收的回波信号以表面散射为主，VV 极化接收到的回波信号相对于 HH 极化接收到的回波信号要更强；盐田主要由大面积的水面以及围堰组成，雷达接收的来自开阔水面的回波信号非常微弱，但在围堰区域由于水面和围堰构成的二面角反射器的作用，雷达能够接收到较为强烈的回波信号；黄河水道为较为开阔的水面，雷达接收的来自黄河水道的回波信号非常微弱。

在 ALOS 卫星和 ENVISAT 过顶期间，笔者于 2009 年 8 月、9 月、10 月、11 月四次到研究区，开展同步地面调查实验，考察实验区的地物覆盖情况，利用布设在湿地内的水位观测尺观测了卫星过境时黄河三角洲不同湿地的水位情况。图3.2给出了2009年10月的黄河三角洲同步野外调查的情况，底图为Google Earth获取于2009年5月的QuickBird数据，红色折线反映了野外调查的行进路线，而黄色点反映了野外调查点，对于每个野外调查点，开展了地物调查、水位调查、GPS定位、拍摄实地照片等方面的工作，共对30个野外调查点进行了工作，30个野外调查点涵盖了芦苇湿地、盐田、滩涂、黄河水道、农田、柽柳林、白杨林等多种地物类型。

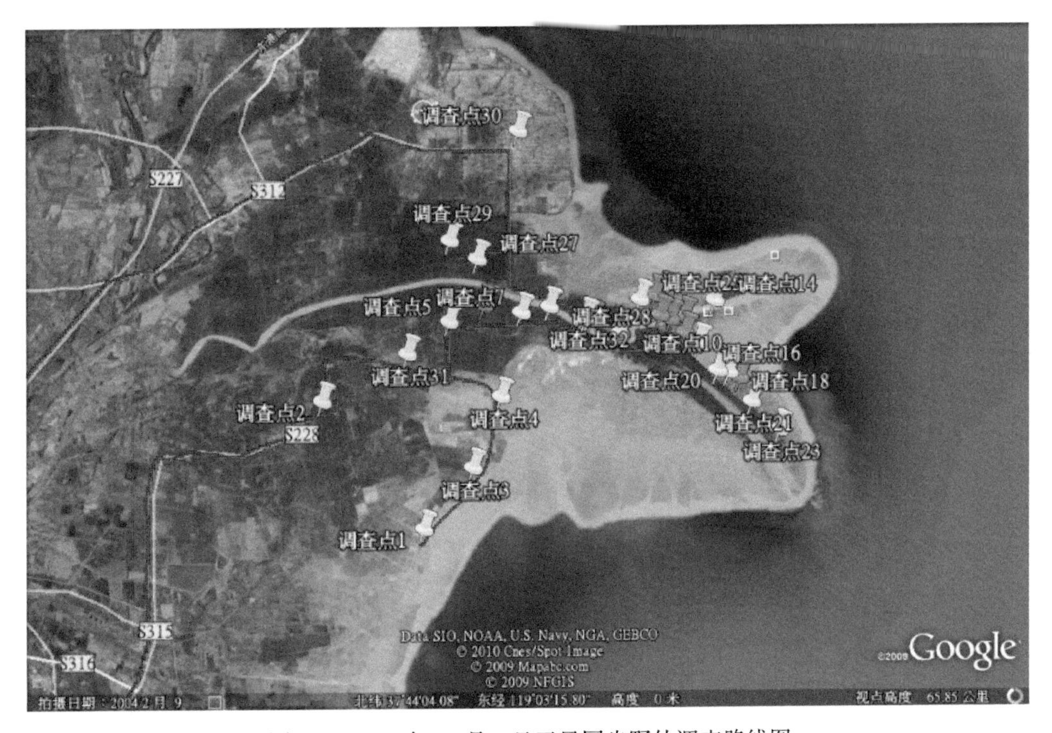

图3.2　2009年10月3日卫星同步野外调查路线图

在此基础上，完成了黄河三角洲湿地地物分类专题图（图3.3），在研究区域共有5类地物：芦苇沼泽、盐田、农田、滩涂和开阔水面。芦苇沼泽主要分布于黄河故道以及黄河清8汊拐弯处的两岸；滩涂位于黄河故道和现在黄河水道的两侧，由泥沙淤积而成；在黄河南岸的芦苇沼泽湿地与滩涂之间，夹着一片较为开阔的水面；在黄河以南，紧沿着海岸线，大量的滩涂被改造成了盐田；同时在本区域也开发了大片的农田，主要作物类型为棉花。

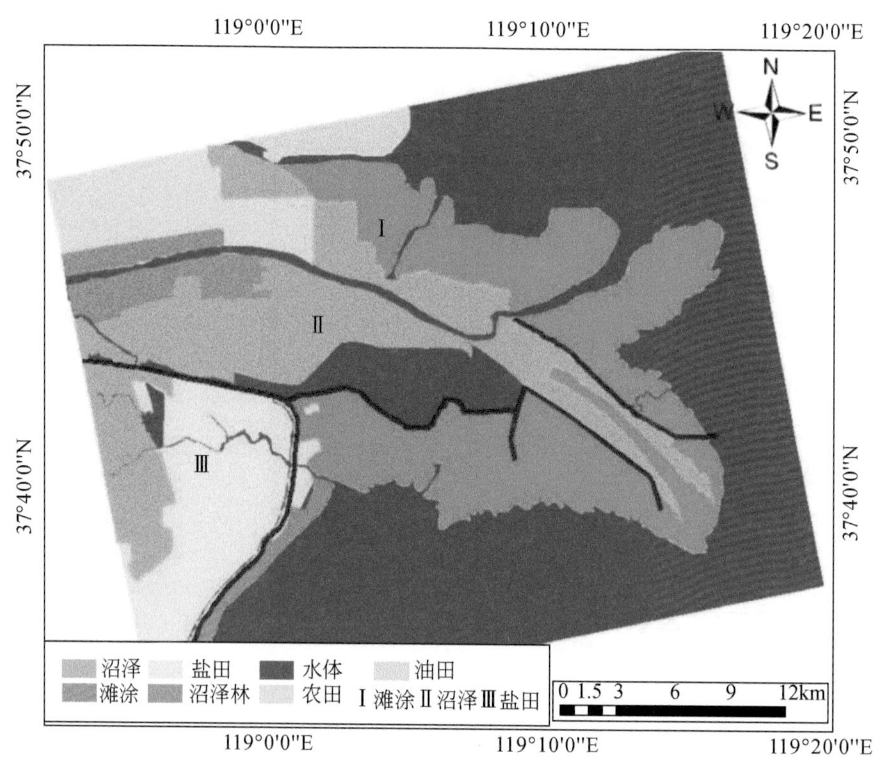

图 3.3　湿地地物分类专题图

3.4　不同湿地干涉相干性分析

为了对比 L 波段 HH 极化的 PALSAR 数据与 C 波段 VV 极化 ASAR 数据进行湿地干涉测量的潜力，生成了植被区不同生长季节的相干图进行对比，如图 3.4 干涉相干图所示。对于 ENVISAT ASAR 数据，生成了落叶季节的干涉相干图和两个长叶季节的干涉相干图。对于 ALOS PALSAR 数据不仅生成落叶季节干涉对和长叶季节干涉对的干涉相干图，同时还生成了由落叶季节影像和长叶季节影像构成的干涉对的相干图。

图 3.4（a）为植物落叶季节由 ENVISAT ASAR 影像构成的干涉对的相干图。图 3.4（a）显示，研究区的整体相干性水平非常高，平均相干系数为 0.41（不包括海面）；对于天然湿地，滩涂具有很高的相干性，平均相干系数为 0.58，最高达到 0.72，森林沼泽也有较高的相干性，平均相干系数为 0.38，而芦苇（*Phragmites australis*）沼泽则失相干非常严重，平均相干系数仅为 0.18。图 3.4（b）为植物长叶季节由 ENVISAT ASAR 影像构成的干涉对的相

干图。图3.4（b）显示，研究区的整体干涉相干性水平很低，平均相干系数为0.21；对于天然湿地，仅有部分滩涂有一定的相干性，而芦苇沼泽和森林沼泽则是严重失相干。

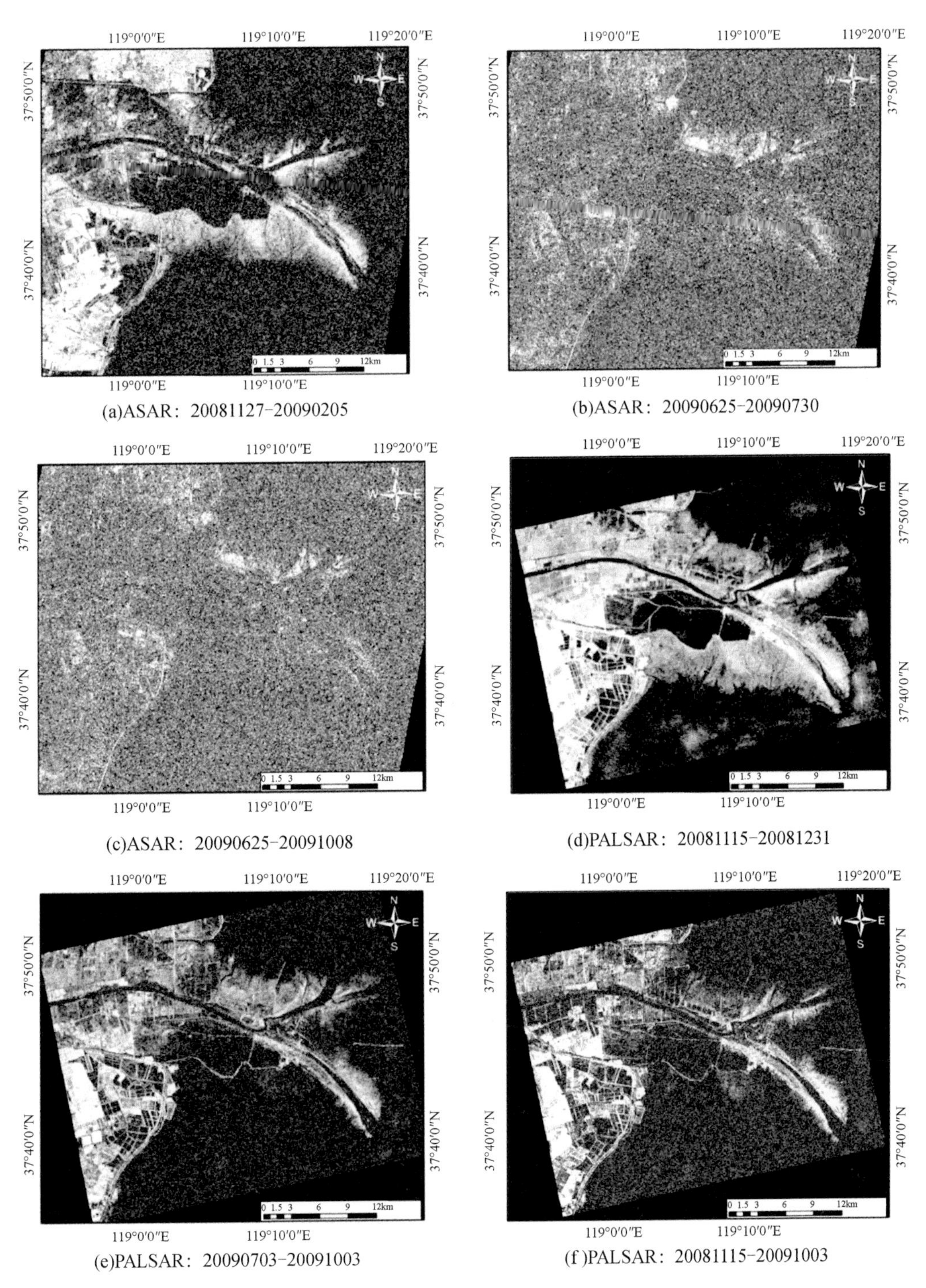

(a)ASAR：20081127-20090205　(b)ASAR：20090625-20090730

(c)ASAR：20090625-20091008　(d)PALSAR：20081115-20081231

(e)PALSAR：20090703-20091003　(f)PALSAR：20081115-20091003

图3.4　干涉相干图

图3.4（d）为植物落叶季节由 ALOS PALSAR 影像构成的干涉对的相干图。图3.4（d）显示，研究区整体相干性水平非常高，平均相干系数达到0.52；天然湿地，包括芦苇沼泽、森林沼泽和滩涂，都有很高的相干性，芦苇沼泽的平均相干系数为0.61，森林沼泽的平均相干系数为0.59，滩涂的平均相干系数为0.54。图3.4（e）为植物长叶季节由 ALOS PALSAR 影像构成的干涉对的相干图。图3.4（e）显示，研究区的平均相干系数为0.24。在天然湿地中，芦苇沼泽相干性最高，平均相干系数为0.41，森林沼泽与黄河故道以北滩涂的相干性水平相当，分别为0.35和0.34。在植物长叶季节，在L波段 HH 极化的 ALOS PALSAR 影像干涉对上，时间去相干对芦苇沼泽和森林沼泽并没有造成太大的影响，尤其是芦苇沼泽维持了很高的相干性，同时未被海面淹没的滩涂也同样保持了较高的相干性。

对比发现，C波段 VV 极化的 ASAR 数据在落叶季节在沼泽森林和滩涂上维持了较高的相干性，能用于这一季节的沼泽森林的植被下水位的干涉测量；而在长叶季节，ASAR 数据受时间去相干影响严重，在植被覆盖的天然湿地无法保持相干性。而L波段 HH 极化的 ALOS PALSAR 数据，由于具有较长的波长，能够穿透植被冠层，同时 HH 极化相对于 VV 极化对于二面角散射更加敏感，在植被覆盖的天然湿地——芦苇沼泽和沼泽森林，不管是在落叶季节干涉对、长叶季节干涉对和由落叶季节影像和长叶季节影像构成的干涉对上，都保持了很高的相干性，受时间去相干影响较小，完全能够用于干涉测量植被下的水位变化监测。

3.5 不同湿地水位变化分析

本项目采用 Delft 大学开发的 DORIS 软件进行干涉测量处理，生成了干涉条纹图。在干涉处理的过程中，ENVISAT ASAR 采用了 Delft 大学提供的精确轨道数据，而对 ALOS PALSAR 数据进行了基线改正。

在干涉处理的过程中，采用了 SRTM3 数字高程模型数据去除地形相位。ALOS PALSAR 数据，不论长叶季节还是落叶季节，在较长的时间内，自然湿地都能维持较高的相干性，利用5景数据构成了5个干涉对，分析落叶季节、长叶季节以及跨越植被生长的两个季节的自然湿地水位变化。图3.5为干涉条纹图，包括1个 ENVISAT 落叶季节干涉对的干涉条纹图和5个 ALOS PALSAR

干涉条纹图。

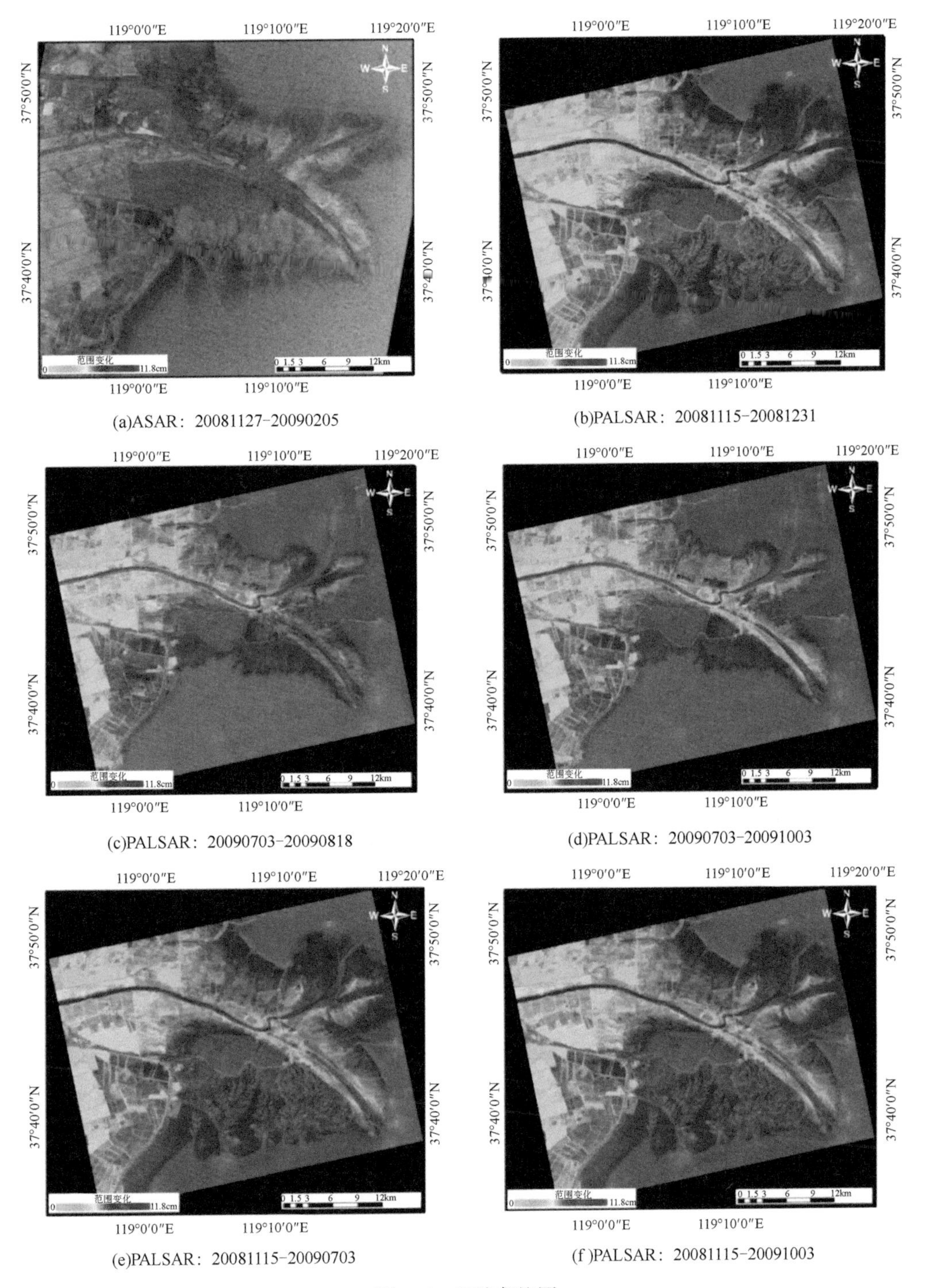

(a)ASAR：20081127-20090205

(b)PALSAR：20081115-20081231

(c)PALSAR：20090703-20090818

(d)PALSAR：20090703-20091003

(e)PALSAR：20081115-20090703

(f)PALSAR：20081115-20091003

图3.5　干涉条纹图

由于研究区域的水文站主要位于黄河上，无法直接将水文站的观测数据与自然湿地的水位变化对应起来，在野外调查期间布设了水文观测尺和 Odyssey 水位记录系统，并在 ALOS 卫星于 2009 年 7 月 3 日、2009 年 8 月 18 日和 2009 年 10 月 3 日过顶时，对水位进行实时观测。在黄河刁河口故道的芦苇湿地、开阔水面西边的稀疏芦苇沼泽湿地、黄河岸边的芦苇沼泽、区域Ⅲ的芦苇沼泽、沼泽森林、黄河出海口东侧的滩涂以及黄河出海口西侧地势较高滩涂进行了三期水位观测，每个水文观测点利用 GPS 进行精确定位，以保证对比的水文观测和 InSAR 结果完全对应同一地物点。水文观测所在的位置如图 3.6 中红色三角形所示，底图为 ALOS PALSAR 数据的平均强度图。为了利用三期水位观测的结果来检验 InSAR 水位相对变化监测结果的精度，以 2009 年 7 月 3 日的水文仪器记录的水位为基准，计算 2009 年 8 月 18 日和 2009 年 10 月 3 日的相对水位变化，并将结果与干涉测量获取的结果进行对比，表 3.2 给出了结果对比。

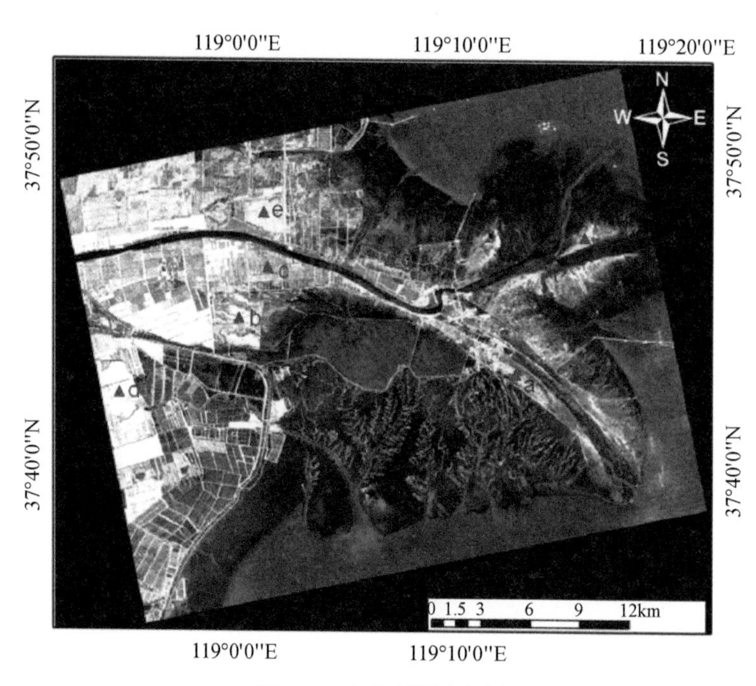

图 3.6　水文观测分布图

表 3.2　水文观测与 InSAR 监测水位变化对比　　（单位：cm）

序号	湿地类型	20090703-20090818		20090703-20091003	
		水文观测	InSAR	水文观测	InSAR
a	芦苇沼泽	7.2	7.6	0.2	0.6

续表

序号	湿地类型	20090703-20090818		20090703-20091003	
		水文观测	InSAR	水文观测	InSAR
b	芦苇沼泽	0.6	2.8	-1.2	-3.2
c	芦苇沼泽	-0.6	-1.0	-0.7	-0.9
d	芦苇沼泽	-0.4	0.1	-0.3	0.2
e	沼泽森林	-0.1	-0.3	-2.2	-1.6
f	滩涂	7.6	8.3	2.0	2.8
g	滩涂	0	0	0	0

对于芦苇沼泽样本，样本b——稀疏的芦苇沼泽，水文观测与InSAR监测结果在两次观测时都存在2cm作用的差异。在20090703-20090818干涉对，除了芦苇沼泽样本b其他湿地观测样本，水文观测与InSAR监测结果之差最大为0.7cm，对应于滩涂f——黄河出海口东侧的滩涂，最小为0，对应于滩涂g——黄河出海口西侧地势较高滩涂。在20090703-20091003干涉对，除了芦苇沼泽样本b其他湿地观测样本，水文观测与InSAR监测结果之差最大为0.8cm，对应于滩涂f——黄河出海口东侧的滩涂，最小为0，对应于滩涂g——黄河出海口西侧地势较高滩涂。总的说来，从水文观测与InSAR监测的水位变化对比中，可以得到以下信息：

（1）在滨海湿地中，存在部分地势较高的滩涂，终年不被海水淹没，在这样的区域不存在明显形变也不存在水位变化，可以以之为参考基准，用于干涉测量湿地水位变化分析。

（2）海洋潮水对湿地水位的影响，以海水补给的滩涂水位变化最大，海陆水共同补给的水位近地表新淤湿地水位变化其次，地势较低接近渤海的芦苇湿地水位变化再次，而由黄河淡水补给的自然湿地水位基本不受到渤海潮位的影响。

（3）除了潮位影响水位变化，造成湿地散射中心变化外，滨海自然湿地在降水和蒸散发作用下，会出现水位的降低，改变散射中心，在冬季气温较低时，部分地物冻结引起的膨胀同样能产生散射中心的变化。

（4）利用ALOS PALSAR通过干涉测量技术能够监测滨海湿地的各种地物目标的水位变化，且达到厘米级的水位变化监测精度。

3.6 湿地水位变化影响因素分析

为了进一步分析影响黄河三角洲自然湿地水位变化的因素，本书根据2007年获取的4景数据上的水位情况并结合东营气象站的气象资料数据，对人工调水、自然降水与蒸散发的影响进行了分析。图3.7是以20070628为主影像的三个干涉对，为了清楚地展示水位数据的地理信息，将干涉条纹进行地理编码后叠加在Google Earth上，干涉条纹图中一圈条纹对应于雷达视线上11.8cm的变化，相应的水位变化是14.3cm。图上黄色的线条对应于黄河三角洲中保护区为维护芦苇湿地的水文环境、保护候鸟的栖息地而修建的黄河引水渠。在每年6月黄河调水调沙时将通过引水渠引入黄河水对芦苇湿地进行灌溉。绿色边框对应于人工修筑的堤岸，其所围成的三角形区域是一片独立的芦苇湿地，在该区域笔者沿水深梯度布设了样点采集了芦苇高度、芦苇盖度和水位信息，该区域平均芦苇盖度达到60%，最大盖度达到了90%，平均芦苇高度达到1m，水深为5cm到50cm，平均水深为20cm。

在图3.7中的三个干涉条纹图上，三角形区域都存在明显的干涉条纹，且干涉条纹主要集中在靠近引水渠的一侧，在入水口一侧存在明显的水位梯度，入水口的水位比三角形区域的东南边下游水位高，其中干涉对20070628-20070813上从入水口到下游对应的水位变化为20cm，干涉对20070628-20070928上的水位变化为28cm，干涉对20070628-20071113上的水位变化为23cm。根据利津水文站的相关资料，在2007年6月中旬，黄河调水调沙期间，借助黄河水位高的优势，黄河三角洲管理委员会开展了黄河三角洲生态调水，引水1000多万立方米，有效缓解了湿地面积的缩小，减小了湿地的盐碱化程度。图3.7（c）对应的干涉条纹所反映的水位变化正是由2007年6月28日开展的黄河三角洲生态调水过程所引发。在生态调水的过程中，由于地形坡度的关系，在水从入水口往下游流动的过程中形成水位梯度，引起两次成像过程中不同区域雷达回波信号的路程差的差异，从而形成逐渐变化差分干涉相位。图3.7的结果充分说明了L波段HH极化SAR干涉测量获取人工调水过程造成的水位变化梯度的能力。

(a)20070628-20070813

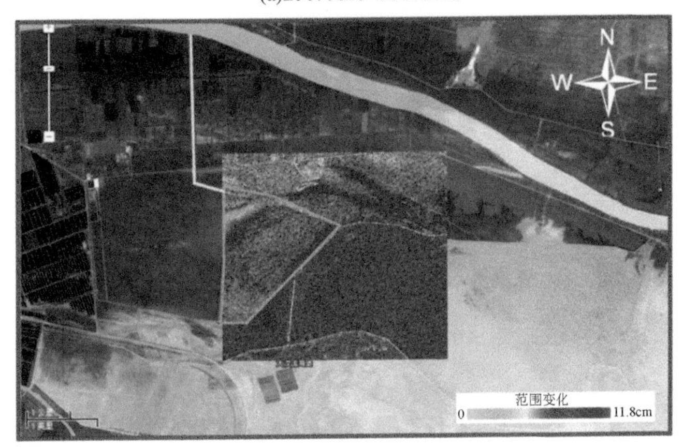

(b)20070628-20070928

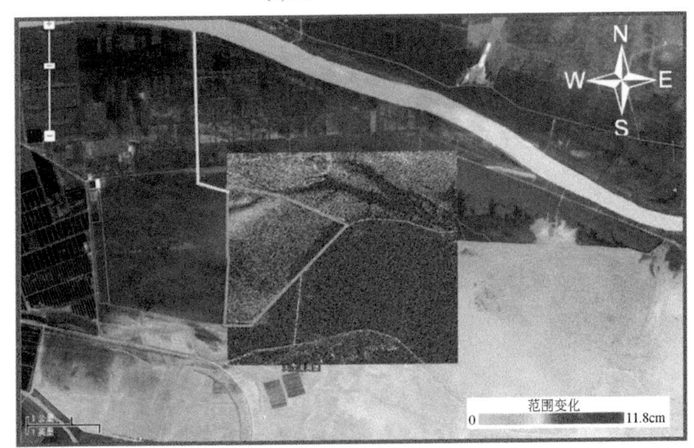

(c)20070628-20071113

图 3.7　人工调水引起的水位变化分析

图 3.8 是以 20070813 的 ALOS PALSAR 数据为主影像，20070928、20071113 数据为辅影像构成的两个干涉对。在黄河三角洲，20070813 是夏季，而

20070928 和 20071113 是秋季，由于在这个过程中没有人工调水过程，所以干涉条纹图上反映出的水位变化由降雨和蒸散发引起。在干涉对 20070813－20070928 和干涉对 20070813－20071113 上，三角形区域整体都存在一个整体的水位变化。根据湿地调查资料，区域的水深平均为 20cm，且夏秋季节的水位变化不超过 14cm，所以根据干涉条纹图可以反演出整个区域水位在 20070928 相对于 20070813 水位降低了 8cm，而在 20071113 相对于 20070813 水位降低了 3cm。

(a)20070813–20070928

(b)20070813–20071113

图 3.8　降雨和蒸散发引起的湿地水位变化

3.7 小　结

利用 D-InSAR 技术进行湿地水位变化监测与制图，对于湿地水环境监测和湿地保护具有重要意义。利用 HH 极化的 ALOS PALSAR 影像，通过干涉测量技术能够监测滨海天然湿地的水位变化，且达到厘米量级的监测精度。由于 L 波段 HH 极化的 ALOS PALSAR 影像受时间去相干影响较小，各种天然湿地能在较长时间内维持相干，在下一步工作中，可以考虑利用 L 波段 HH 极化的 ALOS PALSAR 影像，采用永久散射体技术获取长时间序列的天然湿地水位变化，并在此基础上对天然湿地蓄水量变化进行测量。

参 考 文 献

孙志高，牟晓杰，陈小兵，等，2011. 黄河三角洲湿地保护与恢复的现状、问题与建议. 湿地科学，9（2）：107-115.

Bamler R，Hartl P，1998. Synthetic aperture radar interferometry. Inverse Problems，14（4）：1-54.

Rosen P A，Hensley S，Joughin I R，et al.，2002. Synthetic aperture radar interferometry. Proceedings of the IEEE，88（3）：333-382.

Zebker H A，Goldstein R M，1986. Topographic mapping from interferometric synthetic aperture radar observations. Journal of Geophysical Research Solid Earth，91（B5）：4993-4999.

第 4 章　湿地长时间序列水位水深变化分析

对于湿地系统健康水平评估来说，持续获取长时间的水文监测数据是十分必要的。永久散射体技术与小基线子集技术通过连续的 InSAR 观测来获取长时间序列地表变形，这两种技术的发展推动了 InSAR 技术应用能力的明显进步。然而，由于在湿地区域地物目标的严重失相干，以前的研究很少采用永久散射体及相关技术监测湿地多时相的水文变化。唯一的例外是 Hong（2010）利用短时间基线的 InSAR 观测，建立了小基线子集（small baseline subset，SBAS）方法获取湿地绝对水位时间序列。为了获取自然目标的形变时间序列，科学家们提出了分布式散射体技术。这一技术可以保障在湿地区域同样得到高质量的干涉条纹图。

本书采用分布式散射体技术从连续的 L 波段 SAR 数据集获取长时间序列湿地水位，同时利用密集的水深测量格网数据获取了研究区的水深时间序列。本章的研究仍然针对黄河三角洲湿地展开，并且进一步聚焦到湿地保护区的核心区，本章首先对研究区的情况进行了介绍，然后描述了获取的 SAR 数据情况和水文站点数据情况，紧接着阐释了本书采用的分布式散射体技术流程以及从水位到水深转换的公式，最后对获取的长时间湿地水位和水深结果进行了分析。

4.1　研究区概况

本章的研究仍然聚焦于黄河三角洲湿地。黄河三角洲湿地是典型的温带河流三角洲湿地，具有受季风影响的四季气候，处于湿润大陆和湿润亚热带地区的过渡阶段（Xue，1993；Yue et al.，2003）。黄河三角洲地形十分平坦，最高海拔变化 10m。

大量的泥沙被河流从上游携带并沉积在黄河三角洲中，形成了特殊的湿地景观（Li et al.，2009）。间歇性淹没的湿地面积（如芦苇沼泽、洼地森林、农田和盐沼）占总面积的 37%。这些沿海湿地可以被认为是“生物超市”，因为它们提供了大量的生物多样性的来源，支持许多植物和动物物种在这里生存繁衍（Mitsch，1995）。大量的基础设施建设（如大坝、堤坝和道路）、土地改造、地下水抽取和石油开采引起的地面沉降造成了该地区沿海湿地和物种的退化和丧失（Kuenzer et al.，2014）。2002 年 7 月起实施的黄河三角洲芦苇沼泽湿地恢复工程（Cui et al.，2006，2009a，2009b），旨在通过恢复重建湿地自然生态过程，提高湿地系统效益。

研究区主要包括三种不同的土地覆盖类型：洼地森林、农田和芦苇沼泽。研究区北部为洼地森林和农田，农田面积占研究区面积的 60% 以上。农业用地的后向散射系数高于其他土地覆盖。芦苇沼泽被堤坝分隔成两个独立的部分（RM1 和 RM2），阻止了彼此之间的流动。RM1 和 RM2 的总面积分别为 $9km^2$ 和 $4km^2$。RM1 和 RM2 作为被堤坝等屏障包围的人工管理湿地，在大部分时间内水位在不同空间范围内变化不大。RM1 的大部分区域在一年中的大部分时间都是没有地表水的，正如在 2 月份［图 4.1（c）］和 8 月份［图 4.1（c）］所展示的那样，在后向散射强度图像中可以看到 RM1 的大部分区域是明亮的。RM1 上的无地表水区域与淹没区域之间存在明显的不规则边界，图 4.1（c）中容易识别出不规则边界。RM2 通过河道［图 4.1（c）中与研究区西南边界

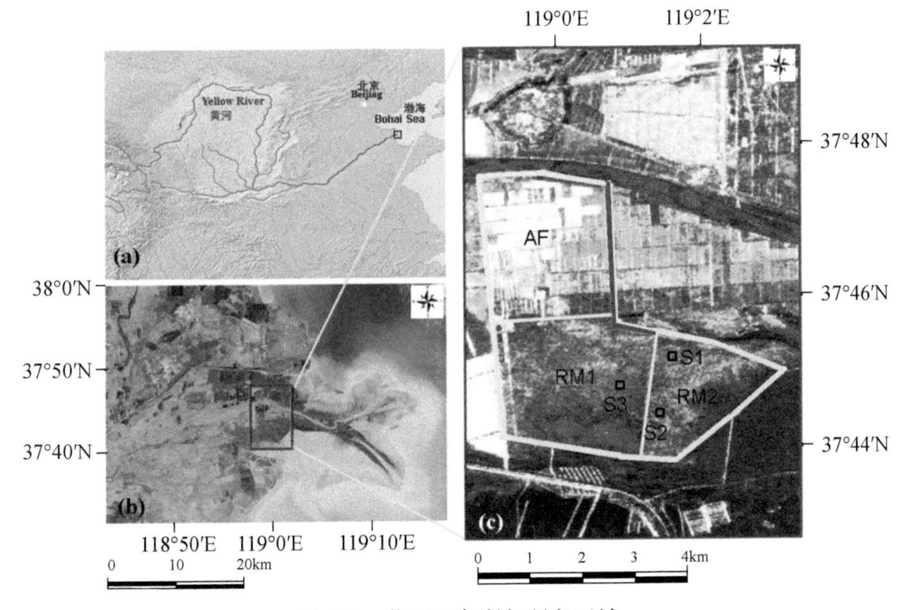

图 4.1　黄河三角洲与研究区域

（a）黄河三角洲的位置；（b）2009 年收集的黄河三角洲真彩色陆地卫星图像；（c）研究区 2008 年 2 月 13 日、5 月 15 日及 8 月 30 日的三次日期 SAR 幅度假彩色合成图像。黄色的多边形代表研究区域，红色的线平行于研究区域的右上边界，是连接黄河的河道。黑色矩形标记了三个水位站（S1、S2、S3）的位置

平行的红线］与黄河相连，充足的水源使得研究区地表水面积较大。由于水位和植被生物量密度的变化（图 4.2），淹没芦苇沼泽的部分区域在 5 月份的 SAR 图像上呈现出明亮的颜色［图 4.1（c）中的绿带］。由于在引黄通道安装了水流量管理系统，在研究区典型的水流方向是从引黄通道的水文闸门到芦苇沼泽，通常发生在每年 6 月底黄河水位高的时候。RM2 的自然水流方向大部分时间是由北向南的。

(a)

(b)

图 4.2　芦苇沼泽湿地图片
（a）浅水区密集芦苇；（b）深水区的稀疏芦苇

4.2　SAR 数据和地面测量数据情况

4.2.1　SAR 数据情况

本书获取了完全覆盖研究区的 L 波段 ALOS PALSAR（phased array type L-band synthetic aperture radar）影像 17 景，获取的 L 波段 ALOS PALSAR 影像为 HH 极化，升轨数据，中心入射角为 34.3°。表 4.1 中列举了获取的 18 景 ALOS PALSAR 影像的相关参数。

表 4.1　SAR 数据参数

传感器	获取时间（年/月/日）	极化方式	轨道模式	轨道号	入射角/（°）
PALSAR	2007/6/28	HH	升轨	443	34.3
PALSAR	2007/8/13	HH	升轨	443	34.3
PALSAR	2007/9/28	HH	升轨	443	34.3
PALSAR	2007/11/13	HH	升轨	443	34.3
PALSAR	2008/2/13	HH	升轨	443	34.3

续表

传感器	获取时间（年/月/日）	极化方式	轨道模式	轨道号	入射角/（°）
PALSAR	2008/3/30	HH	升轨	443	34.3
PALSAR	2008/5/15	HH	升轨	443	34.3
PALSAR	2008/6/30	HH	升轨	443	34.3
PALSAR	2008/8/15	HH	升轨	443	34.3
PALSAR	2008/9/30	HH	升轨	443	34.3
PALSAR	2008/11/15	HH	升轨	443	34.3
PALSAR	2008/12/31	HH	升轨	443	34.3
PALSAR	2009/7/3	HH	升轨	443	34.3
PALSAR	2009/8/18	HH	升轨	443	34.3
PALSAR	2009/10/3	HH	升轨	443	34.3
PALSAR	2010/1/3	HH	升轨	443	34.3
PALSAR	2010/2/18	HH	升轨	443	34.3
PALSAR	2010/11/21	HH	升轨	443	34.3

2010 年 1 月 3 日和 2 月 18 日的数据采集模式为 HH 极化下的单极化光束模式（fine beam single，FBS），其余数据采集模式为 HH 极化下的双极化光束模式（fine beam dual，FBD）。HH 极化下的 FBD 数据使用了 FBS 数据一半的距离带宽，但与 FBS 数据具有相同的中心频率，使得处理混合 FBS 和 FBD 模式数据形成干涉对成为可能。为了在 FBS 和 FBD 数据之间生成干涉图，本书对 FBD 数据进行了过采样，然后以 FBS SLC 数据为参考，将 FBD 过采样数据进行配准重采样，实现两种模式数据在几何空间的亚像素的对齐（Werner et al.，2007）。本书所采用的 SAR 数据为 HH 极化，在这种极化方式下水面与沼泽芦苇茎形成的垂直结构造成的双次散射更强，比其他极化更适合湿地应用（Kim et al.，2014）。

4.2.2　实测水位数据

本书采用 Odyssey 电容式水位记录仪在 3 个调查点上与 SAR 数据同步进行了水位数据采集，调查点的位置如图 4.1（c）中黑色矩形所示。绝对水位观测采用 1985 年国家高程基准作为高程参考基准。这三个调查点都位于干涉高相干的区域，分别用于校准 RM1 和 RM2 的水位信息。RM2 采用了两个调查点数据进行水位校准，RM1 采用了一个调查点数据进行水位校准。图 4.3（a）

中的蓝线、红线和绿线分别代表这三个调查点的水位观测结果，这三个点的水位数据显示出明显的季节变化。水位一般在每年 8 月达到最高点，从 11 月到次年 2 月大幅下降。

4.2.3　实测水深数据

同时，北京师范大学的研究小组分别于 2008 年 5 月 30 日、8 月 11 日和 8 月 30 日进行了水深测量。本书采用 GSK-4 便携式数字超声测深仪对每个测点开展 0.05m 精度的水深测量，同时利用 GPS 对每个测点进行高精度定位。根据水深梯度建立采样点，对 RM2 中水深数据进行密集采集。大部分调查点位于 RM2 的北侧，只有少数调查点位于南侧。在 RM2 实验区东南边界水深最大，大部分边界水深较大。同时 RM2 中部有相对较浅的区域，芦苇密度较高。

应该指出，水深测量和合成孔径雷达数据不是在同一日期获得的。表 4.2 是水深测量数据采集日期与 SAR 数据采集日期的对比。表 4.2 所列的 SAR 数据是采集日期最接近水深调查数据的采集日期的。考虑到采集时间的差异，在对 RM2 中 SAR 数据采集日期进行水深估算时，应考虑降水和蒸散作用对水深变化的影响。

表 4.2　水深测量数据采集日期与 SAR 数据采集日期对比

序号	水深测量数据采集日期	SAR 数据采集日期
1	2008 年 5 月 30 日	2008 年 5 月 15 日
2	2008 年 8 月 11 日	2008 年 8 月 15 日
3	2008 年 8 月 30 日	2008 年 9 月 30 日

4.2.4　气象数据

本书还收集了东营气象站的气象资料。研究区与东营气象站的距离为 40km。根据获得的气象数据，生成了 2007 ~ 2011 年的日降雨时间序列［图 4.3（b）］。每年 6 月至 9 月都有强降雨事件发生，特别是在 2007 年和 2009 年。在研究区从 11 月到次年 2 月，很少有降雨事件。

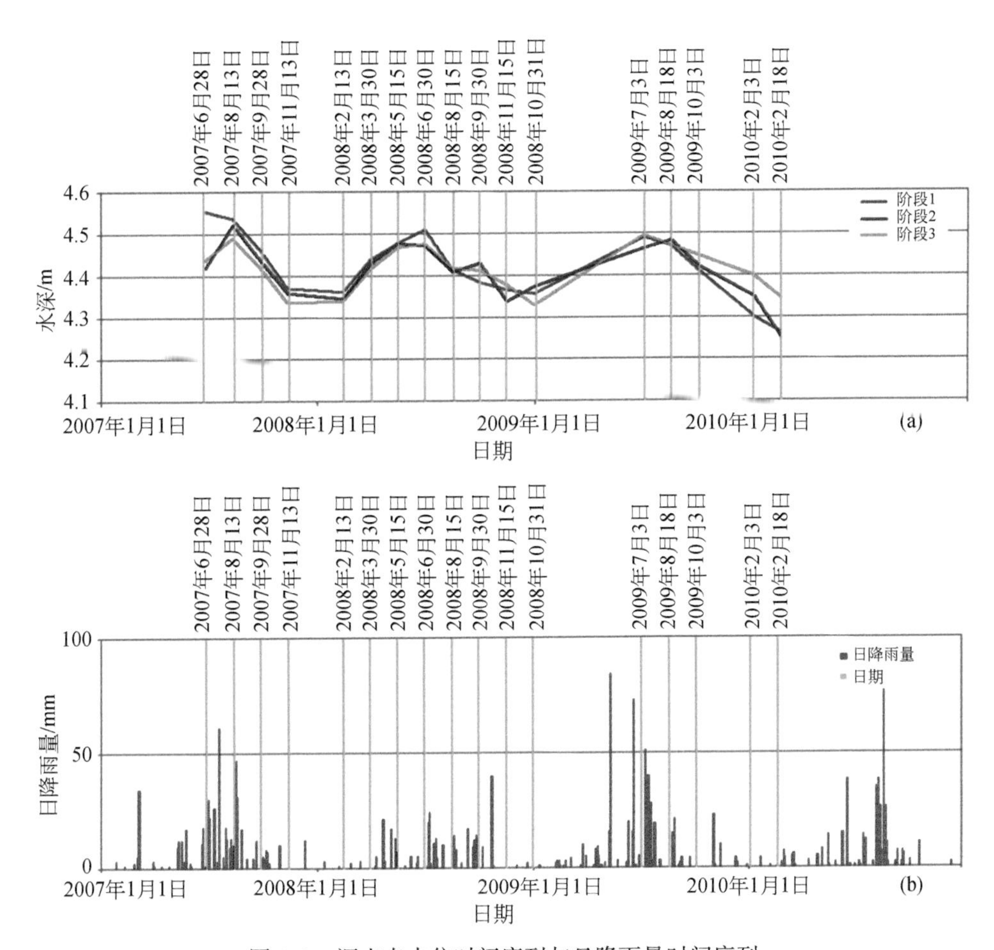

图 4.3　调查点水位时间序列与日降雨量时间序列

(a) 在 RM1 和 RM2 的 3 个调查点收集的水位时间序列，水位调查点的位置如图 4.1 所示。蓝色竖线表示 ALOS PALSAR 的采集日期；(b) 2007 年至 2011 年的日降雨量时间序列，由东营气象站测量。红线表示日降雨量，单位为 mm，蓝线表示 SAR 数据采集日期

4.3　分布式散射体水位湿地估算技术流程

本书采用的分布式散射体水位估算流程如下（图 4.4）：

(1) SLC 数据配准。由于滨海湿地位于陆海交界处，海洋和滩涂等低相干面目标在 SAR 影像上占据了较大的面积，为了保证配准的精度需要对配准的方法加以改进：根据轨道参数、脉冲重复频率、时间信息和外部 DEM 等信息，进行主辅影像像素初配准，以具有稳定散射特性的目标作为配准的基础，通过粗差剔除方法以保证配准的精度，实现亚像素级的配准。

（2）构建最优干涉网络。通过对典型干涉对的相干性分析，确定实验区的整体相干性和海塘的相干性随时间变化的规律，结合 Zebker 建立的空间基线去相干评价函数，评估所有干涉对的相干性，以此为连接权重，利用 MST（最小生成树）方法生成连接所有 SAR 数据的干涉对连接图；在此基础上，增加部分高相干的干涉对，建立计算精度和计算效率平衡的最优干涉对连通图。

（3）生成干涉条纹图和相干图。本项目采用 Delft 大学开发的 DORIS 软件进行干涉测量处理，同时对 ALOS PALSAR 干涉数据进行了基线改正。在去除地形相位的过程中，采用了 SRTM3 数字高程模型数据。通过处理生成了干涉条纹图。

（4）分布式目标分析。以亚像元配准并定标的所有的 SAR 幅度影像为基础，采用 Anderson-Darling 方法对像素的幅度数据矢量进行统计检验，以显著性水平和连通性原则，逐像素确定具有相同散射统计分布的同质像素，以连通数目为阈值确定分布式散射体；在此基础上研发自适应复干涉相位滤波算法，对构成干涉对连通图的干涉对进行全分辨率的干涉相位估计，在保持点散射体的干涉相位的基础上，提高分布式散射体的干涉相位质量。

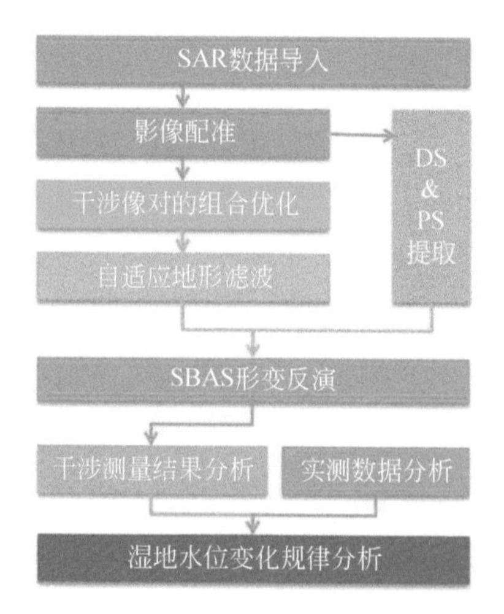

图 4.4　分布式目标湿地水位变化分析技术流程

（5）L1 范数的形变参数提取。形变参数估计一直是长时间序列干涉测量中的热点和难点，现有的算法通常是采用 L2 范数最小化算法，在非城市往往会出现大量的形变估计错误。本实验以已完成的小基线子集软件为基础，对经过自适应复多视处理的全分辨率干涉相位进行解缠，以全分辨率干涉相干图为基础选择高相干系数的点，通过最小二乘算法估计形变参数的低通部分和残余地形误差；对于去除残余地形误差的相位图，采用 Barrodale 的改进单纯形法进行 L1 范数最小化计算，形成参数误差图检测和剔除粗差，在此基础上采用 L2 范数最小化算法求解形变参数，提高形变估计的精度和稳定性；通过时间维高通和空间维低通滤波处理估计和移除大气延迟相位的影响，利用 SVD（奇异值分解）算法求解高分辨率的非线性形变部分。

（6）基于水文站数据的干涉测量结果校正。利用发展的模型和算法建立湿地水位变化信息的提取方法，完成基于分布式散射体的 SAR 黄河三角洲湿地水位变化分析的实验。通过与实验区内野外水文站点数据进行比较验证，对干涉测量获取的湿地水位变化结果进行校正。采用实验区 2007 ~ 2010 年 4 年时间的 ALOS PALSAR 数据，获取湿地水位变化的时间序列。

（7）长时间水位变化信息。利用获取的湿地水位变化时间序列数据集，根据研究区湿地的特点，结合野外水文站点观测资料，分析湿地水位的时序变化规律，以及这种变化与人工调水、自然降雨和蒸散发等要素之间的关系。

4.3.1　数据预处理

本书首先对多时相数据进行了高精度配准，同时生成了平均幅度图像，然后使用 ALOS PALSAR 头文件中提供的参数将幅度图像转换为后向散射系数图像，如图 4.5（a）所示。在假设植物高度、冠层密度和入射角不变的情况下，HH 极化 L 波段 SAR 图像上的水位变化会影响芦苇沼泽湿地的后向散射强度。芦苇沼泽处于生长中期（株高约 100cm），水位的升高意味着双次散射的散射中心会向芦苇茎秆上部移动，受植被层衰减影响变小。因此，双次散射成为主导效应，后向散射系数随之增大（Kandus et al.，2001；Kasischke et al.，2003）。芦苇沼泽后向散射强度处于中等水平［图 4.5（a）］，RM2 的平均后向散射系数为-18dB，受水位变化和植物生命周期演化的影响，后向散射系数变化较大。RM2 的平均后向散射系数低于 RM1 和洼地森林的平均后向散射系数。

本书还从空间基线和时间基线分别小于2000m和1年的干涉对的相干图像中生成了平均相干性图［图4.5（b)］。之所以采用这样设置时间和空间基线阈值，是因为在L波段HH极化干涉图中，滨海湿地的相干性受时间基线的影响较大，而受垂直基线的影响较小（Kim et al.，2013）。

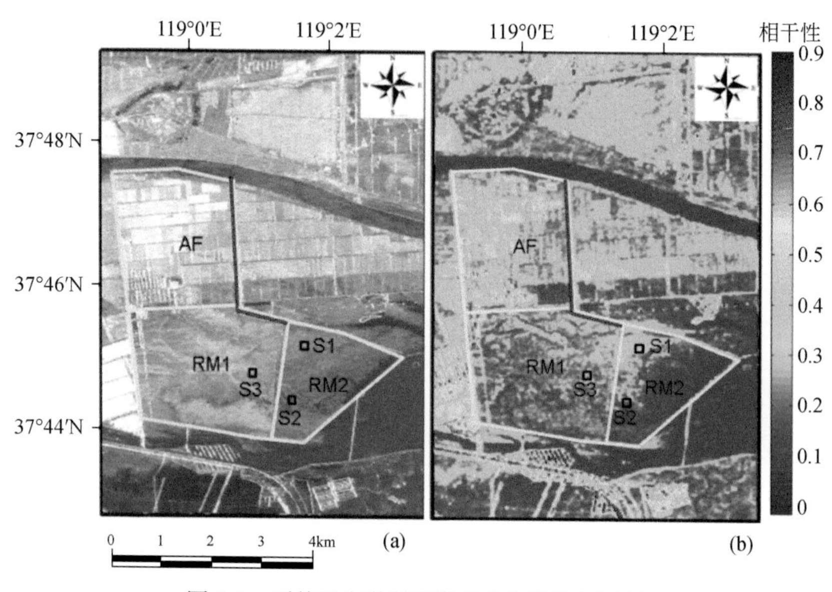

图4.5　平均后向散射系数图像与平均相干图

（a）配准后的17幅SAR影像的平均后向散射系数图像；

（b）平均相干图像由空间基线小于2000m、时间基线小于1年的干涉对相干图像生成

从图4.5（b）可以看出，在两种不同的土地覆盖类型中，农田具有较高的一致性。RM2西部相干性较高，高于0.3，保证了RM2中干涉相位和水文信息估计的质量。芦苇沼泽上保持的相干性表明，L波段SAR回波信号主要来自芦苇茎秆和芦苇下水面的相互作用。

4.3.2　最佳干涉网络

风的影响、植被高度和林冠密度的变化会导致湿地自然地物目标的时间失相干。只有具有高相干性的干涉图才能保证干涉相位的质量，在水文信息估计中，如何将所有具有高相干性的干涉图连接起来，生成最优的网络至关重要。在原始永久散射体干涉处理中，干涉相位是通过将所有图像配准到一个共同的主影像来生成的（Ferretti et al.，2002）。本书建立了一种干涉图选择方法来识别在时空基线平面上形成的最优连接干涉网络。干涉网络构建的基础是最小生

成树和相干阈值。首先采用MST算法构建了基础干涉网络（Perissin and Wang，2012），然后将具有高相干性的干涉图加入到网络中，形成最终的最优干涉网络。本书根据公式（Hooper，2006）估算理论干涉相干度：

$$\gamma=\gamma_{\text{spatial}}\gamma_{\text{temporal}}\gamma_{\text{doppler}}\gamma_{\text{noise}}=\left(1-\frac{B_{\text{perp}}}{B_{\text{perpc}}}\right)\left(1-\frac{\Delta t}{T_{\text{c}}}\right)\left(1-\frac{\Delta fd_{\text{c}}}{fdc_{\text{c}}}\right)\left(\frac{\text{SNR}}{1+\text{SNR}}\right) \tag{4.1}$$

式中，γ_{spatial}、γ_{temporal}、γ_{doppler}和γ_{noise}分别表示空间、时间、多普勒和热噪声分量。B_{perp}、Δt和Δfd_{c}分别表示空间、时间和多普勒质心基线。B_{perpc}为干涉相干性为零时对应的临界基线，根据Hanssen（2001）计算。ALOS PALSAR在FBD模式下的fdc_{c}为1521Hz。T_{c}为时间衰减常数，根据Kim的研究，湿地为2500天（Kim et al.，2013）。ALOS PALSAR在FBD模式下SNR（信噪比）为6.95dB。将根据公式（4.1）计算出来理论相干度大于0.6的干涉图加入到在时空平面构建的干涉网络中。

根据上述方法，本书形成在空间/时间基准平面的最优干涉图网络（图4.6）。干涉对的时空分布如图4.6所示，其中一个红点对应一景SAR数据，而一条线对应一个干涉对。在生成了干涉对后，计算了干涉对的平均相干性，其中有12对干涉对的整体相干性低于0.3，在干涉对的时空分布图中，这些干涉对用红色的线来表示，而蓝色的线表示整体相干性相对较高的干涉对。在后续的处理过程中——计算水位变化信息时，整体相干性被作为权值赋予每个干涉对，即相干性较高的干涉对在处理的过程中有相对较高的权重，而相干性较低的干涉对的权重相对较低，以减小相干性相对较低的干涉对中噪声对最终的参数反演产生严重的影响。从时空分布图可以看出ALOS PALSAR数据的垂直基线与时间相关，而在2008年6月左右垂直基线存在一个巨大的跳变，由于在2008年6月前的数据和2008年6月后的数据轨道上存在巨大的差异，整个数据集被分成空间分离的两部分，这些干涉对通过获取于2008年6月28日的数据联系起来。针对芦苇湿地，采用优化的干涉对连接，保证干涉对的最大程度利用，同时减少计算的冗余。最后生成28个干涉图用于水位变化估计。表4.3列出了干涉对的详细参数，空间垂直基线的范围从41.22m到1570.75m，时间基线范围从46d到414d。需要注意的是，时间基线最大的干涉图具有非常短的空间垂直基线（110m）。B_{perp}表示空间垂直基线，Δt表示时间基线。

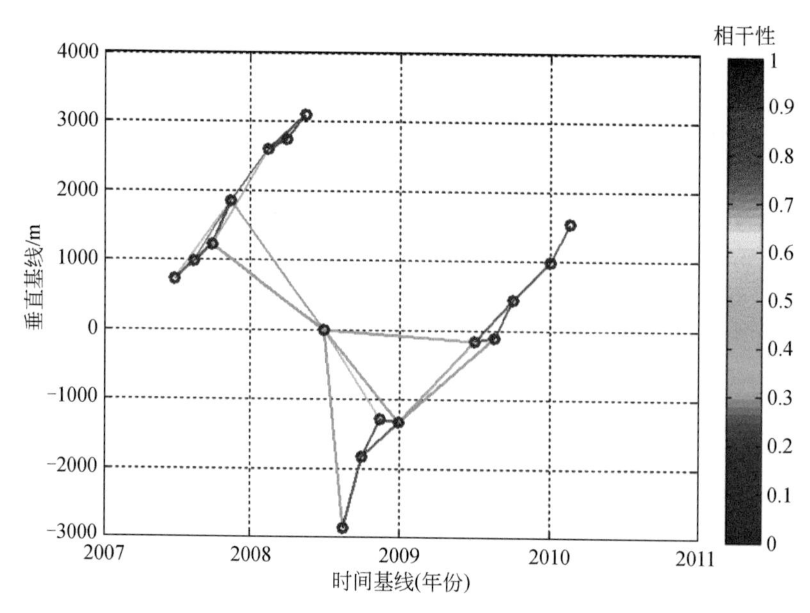

图 4.6　在时空基线平面上建立最优干涉图网络

蓝色的圆圈表示获得的 SAR 数据，而连接圆圈的线表示干涉图，用于估计水位变化。线的颜色表示相应干涉图的相干性，其中蓝色和红色分别表示低相干性和高相干性

表 4.3　ALOS-PALSAR 干涉对列表

序号	主图像	辅图像	B_{perp}/m	Δt/d
1	2007 年 6 月 28 日	2007 年 8 月 13 日	251.86	46
2	2007 年 6 月 28 日	2007 年 9 月 28 日	486.42	92
3	2007 年 6 月 28 日	2007 年 11 月 13 日	1122.01	138
4	2007 年 8 月 13 日	2007 年 9 月 28 日	234.56	46
5	2007 年 8 月 13 日	2007 年 11 月 13 日	870.15	92
6	2007 年 9 月 28 日	2007 年 11 月 13 日	635.58	46
7	2007 年 9 月 28 日	2008 年 2 月 13 日	1383.97	138
8	2007 年 9 月 28 日	2008 年 6 月 30 日	1214.45	276
9	2007 年 11 月 13 日	2008 年 2 月 13 日	748.38	92
10	2007 年 11 月 13 日	2008 年 5 月 15 日	1229.71	184
11	2008 年 2 月 13 日	2008 年 3 月 30 日	134.81	46
12	2008 年 2 月 13 日	2008 年 5 月 15 日	481.32	92
13	2008 年 3 月 30 日	2008 年 5 月 15 日	346.51	46
14	2008 年 6 月 30 日	2008 年 11 月 15 日	1282.79	138
15	2008 年 6 月 30 日	2008 年 12 月 31 日	1324.01	184
16	2008 年 6 月 30 日	2009 年 7 月 3 日	110.17	414
17	2008 年 8 月 15 日	2008 年 9 月 30 日	1031.04	46

续表

序号	主图像	辅图像	B_{perp}/m	Δt/d
18	2008 年 8 月 15 日	2008 年 11 月 15 日	1570.75	92
19	2008 年 9 月 30 日	2008 年 11 月 15 日	539.70	46
20	2008 年 9 月 30 日	2008 年 12 月 31 日	498.48	92
21	2008 年 11 月 15 日	2008 年 12 月 31 日	41.22	46
22	2008 年 12 月 31 日	2009 年 7 月 3 日	1172.63	276
23	2008 年 12 月 31 日	2009 年 8 月 18 日	1213.85	230
24	2009 年 7 月 3 日	2009 年 8 月 18 日	52.20	46
25	2009 年 7 月 3 日	2009 年 10 月 3 日	607.97	92
26	2009 年 8 月 18 日	2009 年 10 月 3 日	555.77	46
27	2009 年 10 月 3 日	2010 年 1 月 3 日	531.48	92
28	2010 年 1 月 3 日	2010 年 2 月 18 日	564.23	46

4.3.3　同质像元（SHP）识别

在黄河三角洲湿地，不存在大量的强散射的人工目标或裸露岩石，使得在研究区域能够检测到的永久散射体非常少，无法采用永久散射体干涉测量（permanent scatterers interferometry）技术获取长时间序列的地面干涉信息。通过前面的散射特性分析，可以知道芦苇湿地在 L 波段 HH 极化图像上有相对较高的后向散射系数。芦苇湿地是一种典型的分布式散射体（distributed scatterers，DS），在 SAR 图像上每个分辨单元的回波信号是该分辨单元内所有独立散射目标后向散射的矢量和，呈现明显的高斯分布的特征。分布式目标后向散射能量相对永久散射体目标较低，且通常在 SAR 图像上占据若干相邻的像素。这些相邻的像素的散射特性具有相同概率分布，通过对 SAR 幅度信息进行统计检验（statistic test）确认具有概率分布的统计同质像素（statistically homogenous pixels，SHP）。通过对配准的 L 波段 HH 极化 SAR 幅值图像进行统计分析，检验两个像素的多时相后向散射系数值在统计上是否属于相同的分布，可以对每个像素周围的同质像元（SHP）进行识别。与其他测试方法相比，Anderson-Darling（AD）测试已被证明是最有效的方法（Parizzi and Brcic，2011）。AD 检验将更多的权重放在分布的尾部。分布的尾部起着重要的作用，这使得假设中的第二类误差率更低（Scholz and Stephens，1987）。对于配准且定标之后的 SAR 幅值图像，两个像素的采样值 p 和 q 的测试统计量可以定义为$A_{p,q}^2$。

$$A_{p,q}^2 = \frac{N}{2}\sum_{x\in\{x_{p,i},x_{q,i}\}} \frac{(\hat{F}_p(x) - \hat{F}_q(x))^2}{\hat{F}_{pq}(x)(1-\hat{F}_{pq}(x))} \tag{4.2}$$

式中，$\hat{F}_p(x)$ 和$\hat{F}_q(x)$ 为采样值 p 和 q 的经验累积分布函数；$\hat{F}_{pq}(x)$ 为两个样本集合分布的经验累积分布函数。Anderson 和 Darling（1952）给出了 $N\to\infty$ 时的渐近分布。

首先为每个像素 P 定义一个以 P 为中心的估计窗口，然后在每个中心像素 P 的估计窗口内的每个像素之间应用给定显著性水平下的双样本 GOF 检验。选择所有可以认为是同质像元的像素，放弃了没有通过其他 SHP 直接连接到 P 的统计同质像元的像素。最后利用与像素 P 连通的所有 SHP 进行后处理，如干涉相位滤波和相干性估计。本项目采用 11×11 的窗口逐像素确定分布式目标：

（1）对窗口内的所有像素逐一与窗口中心点进行 AD 检验，将检验结果低于设定的阈值的像素作为窗口中心点位的 SHP 保留下来。

（2）去掉与窗口中心点空间不连通的 SHP，保证窗口中心点对应的 DS 区块的空间连通性。

（3）计算整个 DS 区块的相干性，如果整体相干性小于 0.3，则作为失相干区域而非 DS，失相干区域将不参与后向的干涉条纹计算。

在确定 DS 后，对 DS 的复相干数据进行空间自适应滤波计算分布式目标的干涉条纹和相干性。

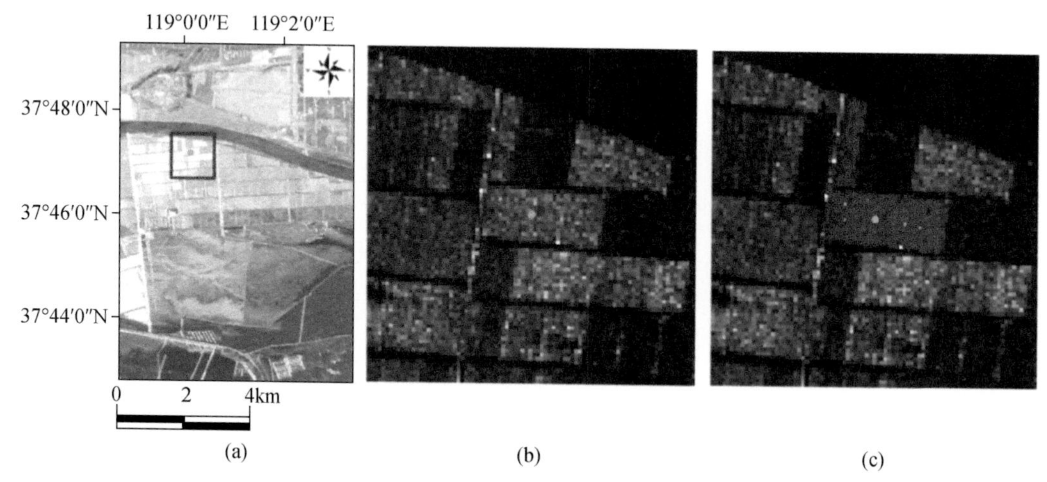

图 4.7　给定像素（绿色）通过拟合优度测试在 40 像素×40 像素窗口内的同质像元（红色）识别结果

（a）参考像素在平均幅度图像上的位置；（b）图（a）中红色矩形区域的相干性；

（c）Anderson-Darling 测试确定的同质像元（红色）识别结果

图 4.7 为通过拟合优度检验，给定像素（绿色）通过拟合优度测试在 40 像素×40 像素窗口内的同质像元（红色）识别结果。图 4.7（a）为覆盖洼地森林区域的幅值图像，洼地森林为人工林，空间结构规则，后向散射系数较高。131 个像素被识别为参考像素的 SHP，它们都位于同一块林地上。从本书的其他实验来看，芦苇沼泽区也有大量的均匀像元。

4.3.4　空间自适应滤波

基于上述步骤中识别的 SHP，可以采用空间自适应滤波来提高干涉图中条纹的可见性，提高信噪比（Goel and Adam，2014）。从第 j 幅 SAR 图像 $S_j(p)$ 和第 k 幅 SAR 图像 $S_k(p)$ 中估计像素点 P 的自适应滤波干涉图值为

$$I_{j,k}(P) = \frac{1}{|\Omega|}\sum_{p\in\Omega} S_j(p)\cdot S_k^*(p)\cdot \mathrm{e}^{-\mathrm{i}\varphi_{\mathrm{ref}}} \tag{4.3}$$

式中，$*$ 表示共轭；Ω 为已识别的 SHP 集合；φ_{ref} 为参考相，包括平地相位和地形相位。

在研究区域的干涉图上，比较了 boxcar 多视滤波和空间自适应滤波算法的效果。图 4.8（a）为该区域的幅度图，图 4.8（d）为用于后续滤波分析 1×5 的多视干涉图，图 4.8（b）和图 4.8（e）分别是经过 4×4 窗口 boxcar 多视滤波后的相干性图和干涉条纹图。图 4.8（c）和图 4.8（f）分别为基于 Anderson-Darling 检验的自适应空间滤波后的相干性图和干涉条纹图。从图中可以明显看出，自适应滤波在降低干涉图上的噪声方面比 boxcar 滤波有更好的效果，同时自适应滤波保持了空间分辨率。从图 4.8（c）和图 4.8（f）可以看出，相干性和干涉相位质量都有了很大的提高，可以很容易地将堤坝与芦苇沼泽和农田区分开。

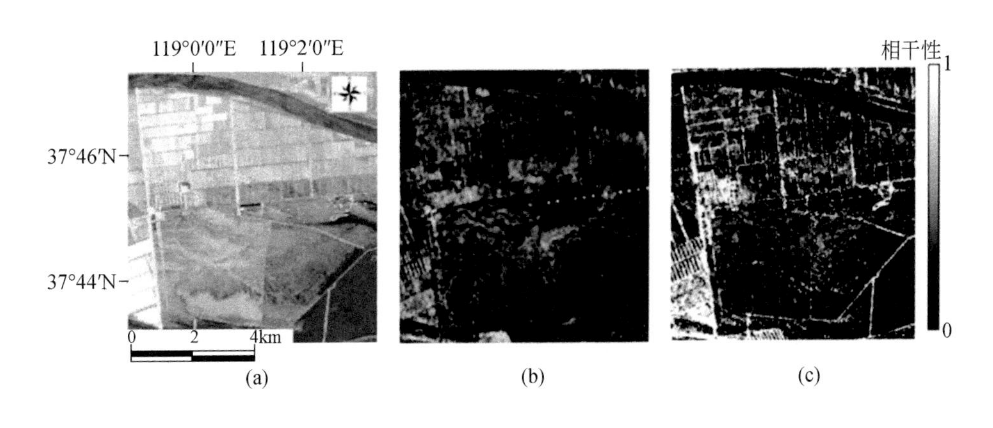

图 4.8　对 DS 进行空间自适应滤波前后的相干性和干涉条纹图

(a) 研究区的幅度图像；(b) 经过 boxcar 滤波后的 coherence 图像；(c) 经过分布式目标自适应滤波后的 coherence 图像；(d) 原始的干涉条纹图；(e) 经过 5×5 的 boxcar 滤波后的干涉条纹图；(f) 经过分布式目标自适应滤波后的干涉条纹图。所选的研究区域位于黄河南岸，包括了左上角为人工刺槐林，被规划成若干很规则的矩形块，左下角为季节性有水的芦苇湿地，右下角为常年有水的芦苇湿地，在人工刺槐林和芦苇湿地周围都有人工修建的堤岸

在原始的相干性图上人工刺槐林平均相干性达到了 0.4，对比空间自适应滤波和 boxcar 滤波后的相干性图，可以发现环绕右下角芦苇湿地的人工堤岸的相干性得到极大提高，计算相干性，人工堤岸作为独立的强散射目标，其周围的弱散射目标不再参与它的相干性计算，从而极大提高独立的强散射目标的相干性，人工堤岸的平均相干性达到了 0.8，使得独立的强散射目标的相干信息得到了极大保留。从图 4.8（c）可以看到围绕人工刺槐林的堤岸的相干性也有极大提高，同时位于人工刺槐林下方的人工建筑——黄河三角洲大汶流保护站的相干性增加得尤为明显，该人工建筑区的几何结构在相干图上清楚地体现出来，且平均相干性达到了 0.9。

对比干涉条纹图，从原始干涉条纹图 4.8（d）上可以发现明显的斑点噪声。在通过5×5 多视处理后的干涉条纹图 4.8（e）上，斑点噪声得到了明显的抑制，但是独立的强散射目标上（例如围绕人工刺槐林的堤岸）的干涉条纹信息也同时被削弱，人工堤岸的线状结构在多视处理后的干涉条纹图上不再清晰可辨。而在空间自适应滤波处理后的干涉条纹图 4.8（f）上，首先是分布式目标（芦苇湿地）上的干涉条纹更加清晰，同时独立的永久散射体在干涉条纹图上也表现得十分明显，围绕人工刺槐林和芦苇湿地的人工堤岸的线状特征保留得十分完整。

通过上面的对比分析，可以发现采用 AD 检验提取分布式目标，然后对分布式目标进行空间自适应滤波，可以极大地保持 PS 的相干性，提高 DS 的相干性，同时减少 DS 干涉条纹中的噪声相位，使得独立的强散射目标的干涉信息得到很好保留，提高干涉条纹图的质量，非常适合于黄河三角洲湿地这样的非城市区域的干涉处理。

4.3.5 绝对水位估算

在每一个解缠后的干涉图上，每一个相干像素（x，y）从时间 t_i 到时间 t_j 的水位变化 $\Delta h_{t_i,t_j}(x, y)$ 都可以由式（4.4）估计。

$$\Delta h_{t_i,t_j}(x,y)=\Delta h_{t_i,t_j}(x_0,y_0)+\frac{\lambda\Delta\varphi_{t_i,t_j}}{4\pi\cos\theta_{\mathrm{inc}}}+n \tag{4.4}$$

式中，θ_{inc}为 SAR 入射角；λ 为 SAR 波长；$\Delta\varphi_{t_i,t_j}$表示在解缠干涉图上点（x，y）与参考点（x_0，y_0）的相位变化；n 为噪声项。选取水位调查点作为基准点（x_0，y_0），利用水位调查点数据可以生成相应的水位变化 $\Delta h_{t_i,t_j}(x_0, y_0)$。

本书采用 L1 范数的方法从解缠差分干涉图中提取相对水位变化。利用基于 L1 范数的 SBAS 技术，从滤波后的干涉图中提取水位变化。在每个差分干涉图上，所有相干像素以一个已知水位的像素为参考进行解缠。对每个相干像素，干涉图网络形成如下方程组：

$$B\Delta h=C\Delta\varphi+\Delta h_0+n \tag{4.5}$$

式中，$C=\dfrac{\lambda}{4\pi\cos\theta_{\mathrm{inc}}}$；$\Delta\varphi$ 为空间自适应滤波后差分干涉相位值的解缠值；B 为形成的最优干涉图网络所定义的矩阵（Berardino et al.，2002）；Δh 为相干像素（x，y）上相邻采集时间上未知相对水位变化矢量；Δh_0为水位调查点上相对水位变化矢量；n 表示噪声项，包括地形误差、大气噪声和轨道误差的贡献。由于湿地区域普遍平坦（海拔 0 ~ 5m 不等），DEM 的地形误差影响可以忽略不计。轨道误差（在干涉图上平移为线性相位条纹）可以通过从未解缠的干涉图中去除线性趋势来移除（Poncos et al.，2013）。

SVD 方法可以得到最小二乘（L2 范数的极小化）解（Berardino et al.，2002）。然而，在滨海湿地中，往往存在着一些非相关的区域，如开阔水域，将相干性高的区域分割开来。这常常会引入相位解缠错误——不同区域之间的相位跳转，L2 范数最小化在检测解缠数据中的这些相位跳转时常常执行得很差。相反，针对非城市地区相位解缠误差经常发生且难以检测的问题，L1 范数最小化可以提供更鲁棒的相位反演解决方案（Lauknes et al.，2011；Goel and

Adam，2012）。在 Gonzalez 等（2011）中，L1 网络反演被证明在 PSI 中具有鲁棒性的奇异值剔除方法。水位变化 L1 范数解为

$$\hat{\Delta h} = \arg\min_{h}\left(\sum_{i=1}^{M-1} \left| C\Delta\varphi - B\Delta h - \Delta h_0 \right|_i\right) \tag{4.6}$$

本书采用了 Barrodale 和 Roberts（1973）提出的 L1 范数最小化算法。它是线性规划单纯形法的一种改进，计算效率高。然后通过积分就能给出水位变化的解。

在 SBAS 技术中，通常假设大气效应与形变信息在时间的变化完全无关，大气效应可以通过空间低通和时间高通滤波来估计和消除。然而由于水位变化和大气扰动都是时间维上的高频信号，在湿地应用中不可能采用大气贡献相位去除方法。因此，最终水位时间序列可能包含一定程度的大气噪声（Hong et al.，2010；Hong and Wdowinski，2014）。本书利用数值天气预报（NWP）来减轻 PSI 处理过程中的大气影响（Adam et al.，2011；Rodriguez et al.，2013）。利用数值天气预报估算的大气噪声在研究区域范围内为1.2 ~4.3cm。

需要注意的是，只有相对水位的变化才能从解缠相位中得到，因此需要通过地面水文观测对 InSAR 观测进行校准，获得绝对水位估计（Lu and Kwoun，2008；Wdowinski et al.，2008）。要估算绝对水位，首先要对相邻时间采集的相对水位变化进行积分，得到相对水位序列。然后将相对序列与参考水位联系起来，得到绝对水位时间序列。InSAR 生成的相对水位与水位观测数据之间总是存在线性偏移（Wdowinski et al.，2008）。通过对 InSAR 观测到的水位序列与水位观测数据的比较，可以估计出两种方法之间的线性偏移量。在去除线性偏移量后，就生成了 InSAR 反演的绝对水位序列。

4.3.6　水深估算

在本书中水深代表了水体从底面到顶面之间的距离，同时水位表示水体表面的水位。假设水下地形在某一点上是恒定的，可以推断整个观测时段水深变化等于水位变化。在此基础上，建立了水深与水位的简单关系式：

$$d(t)-d(t_0)=l(t)-l(t_0) \tag{4.7}$$

式中，d 和 l 分别表示水深和水位；t_0 为参考时间。如图 4.1 所示，RM2 被堤防阻挡，仅通过一个很小的通道与黄河相连。黄河夏季水位较高时，每年开闸放水一次，但不会造成 RM2 大量泥沙淤积或水下地形发生较大变化。根据下

式可以由水位估算 RM2 的水深：

$$d(t)=l(t)-l(t_0)+d(t_0) \tag{4.8}$$

本书已经通过野外调查获得了密集水深观测结果，因此可以根据该公式将水位时间序列转换为水深时间序列。

4.4　湿地水位时间序列

根据图4.6所示的最优干涉图网络，本书生成了28个相干性相对较高的干涉图。图4.9为研究区域自适应空间滤波后的28个缠绕干涉图。缠绕干涉图上的条纹大多是连续的，只有少数干涉图上有不连续的条纹和斑点噪声。从图4.9可以看出，RM1和RM2的水文情况相对简单。

滤波后干涉图表明，在湿地环境中，InSAR条纹图可以清晰地反映水位的变化。湿地保护区工作人员于2007年6月28日对该湿地进行了灌溉，随之产生的水流在相关干涉图上产生了明显的条纹。与此同时，2007年8月、9月和11月出现了水位变化不大。图4.9（1）~（3）中RM2的红蓝绿交替显示了上游到下游水位的下降，而InSAR推导出的上下游管控水流量引起的水位差异变化为20.8cm。

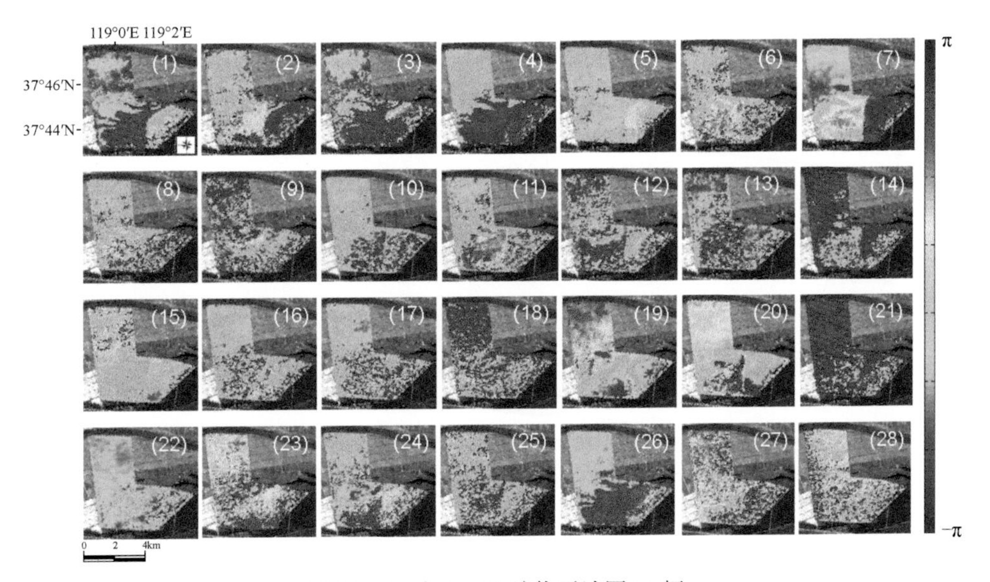

图4.9　研究区上空缠绕干涉图28幅

经平地校正和地形相移后，背景为平均幅度图像不同的地表覆盖在滤波后的干涉图上呈现出不同的条纹图案。从图 4.9 可以看出，在芦苇沼泽湿地（RM1 和 RM2）的一些干涉图中，存在明显的干涉条纹，而在农田区域，大部分时间没有明显的干涉条纹。在整个数据采集的时间间隔内，农田相干性较高，且没有明显干涉条纹，说明农田没有发生变形或水位变化。经野外调查，RM1 的某些部位很少被淹没，其干涉条纹与农田几乎相同。RM1 其余部分全年不断被淹。在图 4.9 中的一些干涉图和图 4.1（c）中的幅值图中，可以很容易地识别出这两部分之间存在明显的不规则边界。RM1 没有通过任何渠道与黄河直接相连，因此降雨和蒸散对 RM1 的水位有显著影响，所以在 RM1 的差分干涉图中几乎没有流动导致明显的条纹图案。

通过将相对水位序列与参考水位结合，从滤波干涉图中估计绝对水位序列。现场调查表明，2008 年 11 月 15 日，降雨和人为径流没有引起明显的水文变化。因此，本书在 2008 年 11 月 15 日定义了一个平坦水位条件下的参考水位，以便将水位信息从有限的水位调查点扩展至整个湿地区域。图 4.10 为 2007 年 6 月 28 日至 2010 年 2 月 18 日的 InSAR 反演的绝对水位时间序列。

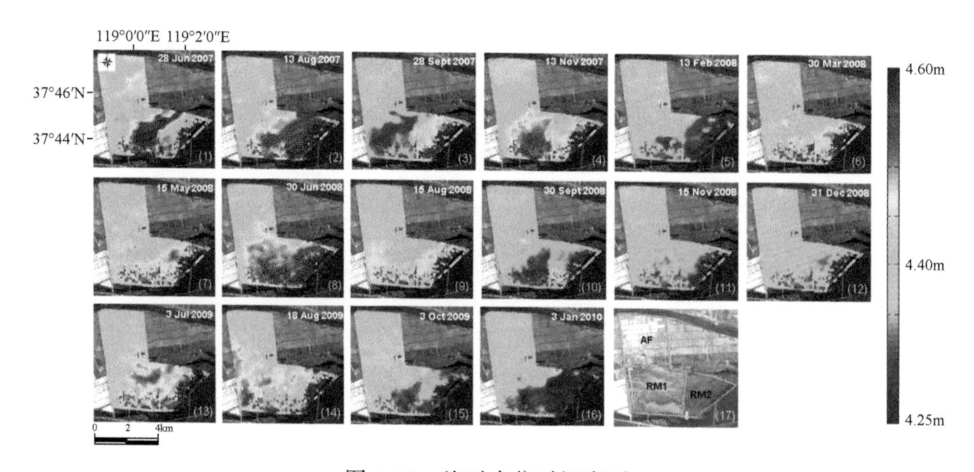

图 4.10　绝对水位时间序列

（1）~（16）是 2007 年 6 月 28 日至 2010 年 2 月 18 日的绝对水位时间序列，其中水位以 1985 年国家高程基准面为参考高程基准面，背景图像为平均幅度图像，幅度图（17）表示 AF、RM1 和 RM2 的位置，蓝色和黄色箭头分别表示输入和输出水闸门所在位置

从图 4.10 可以看出，在研究区由于很少发生洪水，农田的水位没有发生变化。大部分时间，RM1 和 RM2 的水位变化趋势相似，水位在夏季最高，冬季最低。2007 年 6 月 28 日的水位图中蓝色箭头和黄色箭头分别表示进水闸门和出水闸门，水流的主要流向为西北向和东南向。2007 年 6 月 28 日的绝对水

位图像与水流流向较好吻合。当闸门开启放水时，RM2 会有水流经过时，邻区水位立即发生明显变化。

在 2007 年 8 月 13 日，由于受水流和暴雨的控制，夏季水位上升。图 4.3（b）为 2007 年 6 月 28 日至 8 月 13 日期间发生的强降雨事件，导致水位大幅度上升。图 4.3（b）也显示了低降雨量导致冬季水位较低。值得注意的是，2007 年 9 月 28 日的水位图像显示 RM1 和 RM2 之间的水位差很大，这是由 RM1 阶段数据的观测误差造成的。据实地调查，2010 年 2 月 18 日研究区日平均气温低于 0℃，低温不可避免地导致芦苇沼泽水冻结。InSAR 观测当时并没有显示出地面真实情况，我们从水文序列中删除了 2010 年 2 月 18 日的水位图像。

4.5　湿地水深时间序列

4.5.1　基准水深图像生成

如式（4.7）所示，本书需要选取一个水深调查作为参考，从 InSAR 反演的水位观测中得到水深。本书以 2008 年 8 月 15 日的水深调查作为参考观测。由于水深测量采集日期为 2008 年 8 月 11 日，在估计 2008 年 8 月 15 日 SAR 获取当日的水深时，应当考虑从 2008 年 8 月 11 日到 2008 年 8 月 15 日流量、降雨和蒸散量的影响。从图 4.3（b）可以看出，2008 年 8 月 11 日至 8 月 15 日没有降水，现场调查也没有人工径流。8 月芦苇沼泽日蒸散量约为 3mm（Jia et al.，2009），4 天总蒸散量约为 12mm。考虑到 12mm 的蒸散量，2008 年 8 月 15 日的水深可以从 2008 年 8 月 11 日的地面测量中估算出来。利用克里金插值算法将稀疏水深观测数据插值到规则网格中，得到 2008 年 8 月 15 日高分辨率水深图（图 4.11）。图 4.11 中的小黑点显示了实地考察地点的位置。大部分调查点位于 RM2 的北侧，只有少数调查点位于南侧。

高分辨率水深图像（图 4.11）显示了 RM2 中相关水文信息，RM2 中水深范围在-8.4cm到 53.6cm 之间，负值代表地下水位。东南边界和西北角分别是 RM2 的最深处和最浅处，RM2 中部也有一些相对较浅的区域，水深平均值为 10.2cm，芦苇密度较高。

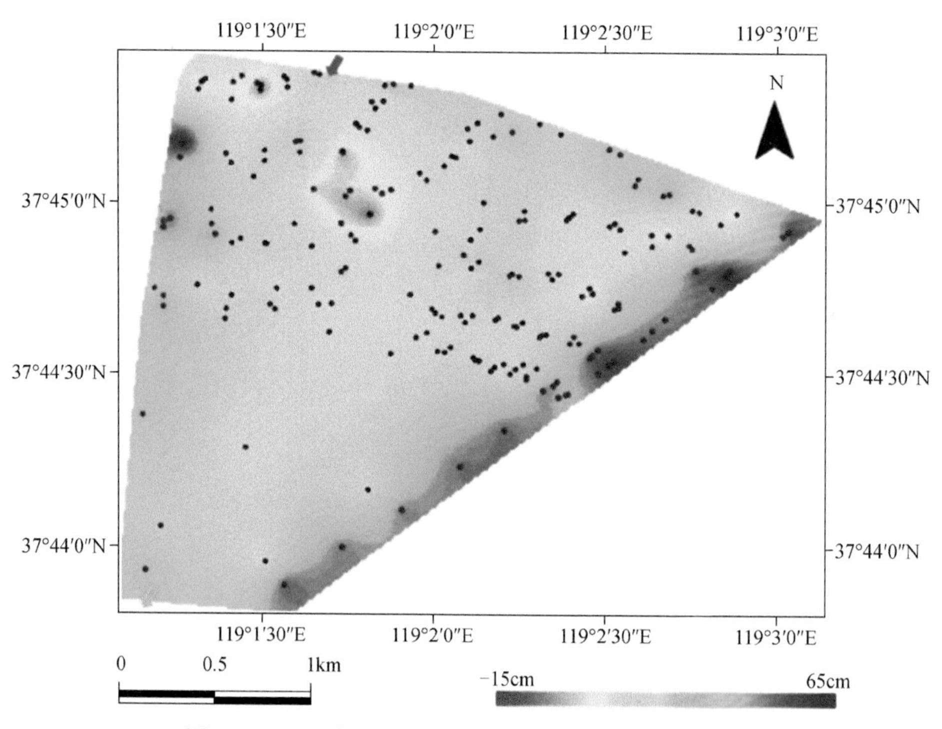

图 4.11　2008 年 8 月 15 日在 RM2 克里金插值水深图像

小黑点代表实测水深位置，蓝色和黄色箭头分别显示了入水和出水闸门。蓝色箭头表示 RM2 与连接黄河的河道之间的闸门

4.5.2　湿地水深时间序列生成

基于2008 年8 月15 日水深图像，根据式（4.7）生成2007 年6 月至2010 年1 月的水深序列，图4.12 为 RM2 中 InSAR 反演的 2007 年 6 月 28 日至 2010

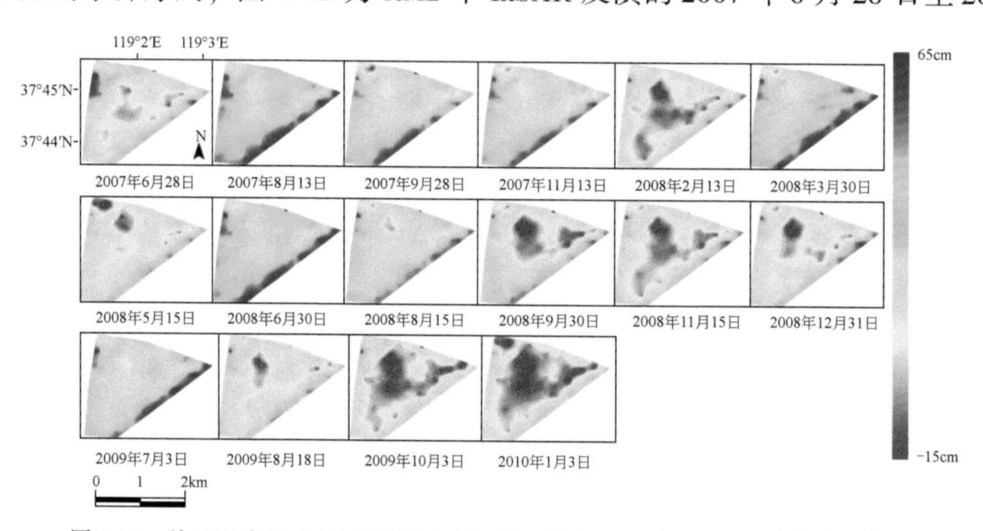

图 4.12　从 2007 年 6 月 28 日到 2010 年 1 月 3 日在 RM2 中 InSAR 反演的水深序列

年 1 月 3 日的水深序列，水深范围从-15cm 到 65cm。RM2 大部分在夏季处于水下，特别是在 2008 年 8 月 13 日。从每年 9 月到次年 3 月，水深急剧下降。在冬季除东南角外，RM2 均高于水面。在 2007 年 6 月 28 日上游水闸附近水深大幅度增加，但是芦苇沼泽下游部分仍处于水位以上。

4.6　湿地水深时间序列结果分析

InSAR 得到的水深与现场实测结果吻合较好，如图 4.13 所示。通过对比 2008 年 5 月 30 日地面调查所得的插值水深和 2008 年 5 月 15 日 InSAR 观测所得的插值水深，评价了 InSAR 推算水深的精度。考虑到降雨引起的水深变化（收集到的气象数据为 32mm）和蒸散量（Jia et al.，2009 中为 60mm），本书生成了两种不同方法得到的残差图。图 4.13 为实测插值水深与 InSAR 观测插值水深对比图。

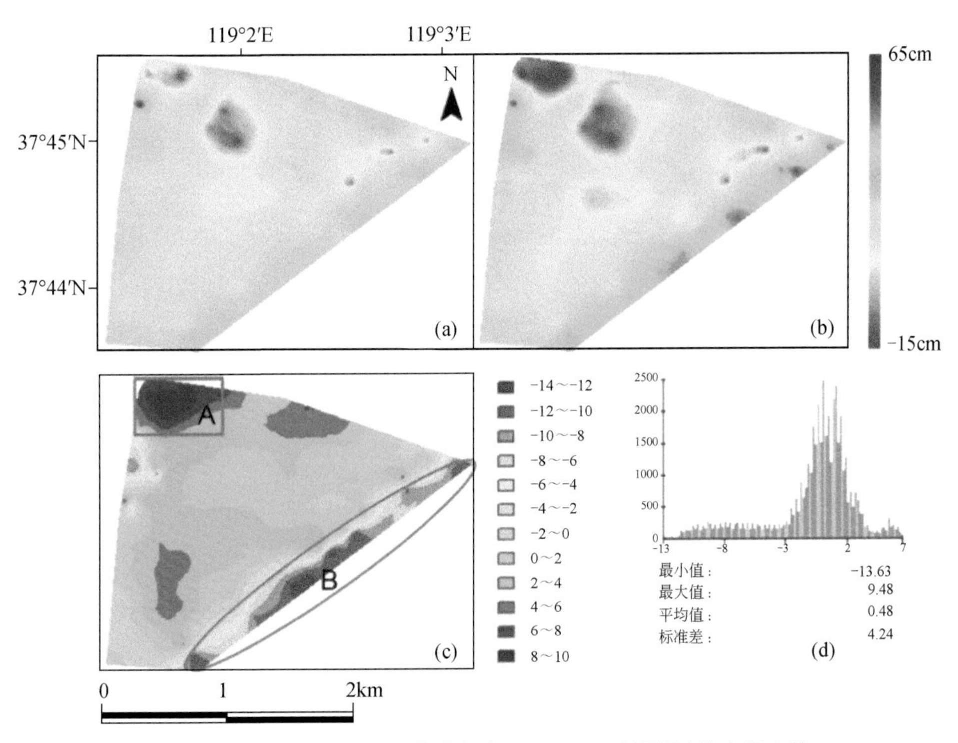

图 4.13　野外调查所得插值水深与 InSAR 观测所得插值水深比较

（a）2008 年 5 月 30 日野外调查所得插值水深与（b）2008 年 5 月 15 日 InSAR 观测所得插值水深的比较，残差图（c）表示两者之间的偏差，（d）为偏差直方图

残差图［图4.13（c）］显示，在芦苇密集的浅水区，两种观测结果偏差均在4cm以下。偏差图直方图如图4.13（d）所示，残差均值为0.48cm，标准差为4.24cm，说明分布式散射体技术在淹没密集芦苇长期水深时间序列估计中的潜力。最大残差出现在开阔水域和长干芦苇沼泽，分别为-13.63cm和9.48cm。矩形A和椭圆B是图4.13（c）中残差值最高的两个区域，图4.13（a）和（b）中矩形A中红色的小区域很少被淹没，总是在水面以上，主要的后向散射机制是体散射，利用InSAR技术估计该区域的水文信息是不现实的。图4.13（c）中的椭圆B表示稀疏芦苇的开阔水域，主要的后向散射机理是表面散射，雷达后向散射强度较弱。开放水域的严重去相关不可避免地会导致InSAR观测中水深的水位误差。

本书的方法有可能应用于受自然波动影响的天然沼泽和红树林。总的来说，对于L波段干涉图，沼泽和红树林上的相干性要高于草本湿地上的相干性（Kim et al.，2013）。这意味着干涉图在天然沼泽和红树林上比在芦苇沼泽上能保持更长时间的干涉相位。人工湿地与天然湿地最重要的区别在于干涉条纹模式。在自然流区，如沼泽地，边缘不规则，边缘率低（Wdowinski et al.，2008）。由于天然湿地受自然潮汐波动的影响，其干涉条纹图反映了海潮引起的水位变化。

另外，本书提出技术的应用依赖于L波段SAR数据的采集。ALOS-2于2014年5月24日发射，搭载在ALOS-2上的L波段合成孔径雷达PALSAR使用1.2GHz频率范围，具有聚束模式（1～3m）和高分辨率模式（3～10m），这将有助于增加湿地面积的获取数量和空间分辨率，并提升分布式散射体技术在长期水深监测中的应用前景。

水深时间序列可以根据湿地生境对水位的响应来估算生态需水量，评价湿地恢复的生态性能（Cui et al.，2009b；Li et al.，2009）。生态学家还可以利用水深时间序列来建立水深与芦苇覆盖率、芦苇高度之间的关系，进而模拟不同水深下不同生境的空间分布。同时，对水鸟的湿地栖息环境的管理一般涉及对水深的控制，水深对湿地中鸟类和植物物种的密度有很强的影响（Colwell and Taft，2000；Jackson and Colmer，2005；Laitinen et al.，2008；Cui et al.，2010）。生态学家可以利用长期高空间分辨率的水深图来测量湿地的生物完整性和功能完整性。水体深度的阈值可以通过定量比较来确定，该阈值的目的是保持湿地的最佳质量，以符合生态管理目标。

4.7　湿地水位变化影响因素分析

本书的干涉测量结果（图4.9）证明了利用L波段SAR干涉技术监测芦苇沼泽湿地水位变化是可行的。在HH偏振L波段SAR数据上，双次散射是芦苇沼泽的主要后向散射机制，冠层密度的增加导致双次散射的增加，导致总后向散射信号的增加。同时，水位对芦苇沼泽雷达后向散射振幅也有正向影响（Kim et al.，2014）。与X波段和C波段数据形成的干涉图相比，L波段干涉图可以在较长时间内保持较高的相干性。表4.3中列出的所有干涉图，即使是一些时间基线超过一年的干涉对，在芦苇沼泽中平均相干度也超过0.2。它保证了干涉相位的质量，使在芦苇沼泽上进行长期干涉分析成为可能。

为了从干涉数据集中提取长期水文信息，需要形成一个充分利用干涉数据的干涉网络。由于C波段数据的相干性水平对时间基线有很强的依赖性，Hong等（2010）只采用了时间基线小于48天的干涉图。对于L波段数据，草本湿地的干涉相位可以维持6个月以上，甚至更长（Kim et al.，2013）。这意味着一些具有较长时间基线的干涉图也可以用来推导水位变化。利用MST（最小生成树）算法构造的初始网络可以保证干涉图网络的连通性。同时，以理论相干性为权重，量化干涉图的质量并加入高相干性干涉图，使整个网络的相干性达到最大。生成的干涉网络由于时空基线分布得更为离散使得水文变化的高精度估计成为可能。

本书的技术主要针对分布散射体干涉相位分析，因此特别适用于湿地水文参数估计。虽然本书的研究仅限于黄河三角洲的滨海湿地，但对世界其他滨海湿地地区也具有很大的潜在意义。分布式散布体是沿海湿地，如淡水沼泽和沿海红树林的主要散射体。这些分布的散射体具有相似的反射率值，可以通过统计均匀的像素分析来确定（Ferretti et al.，2011）。虽然分布式散射体更适合于高分辨率传感器，但是我们的SHP检测结果（图4.7）也可以在中等分辨率的图像上发现分布式散射体，例如ALOS PALSAR数据，自适应空间相位滤波算法可以大大提高分布式散射体的条纹质量。

导致黄河三角洲滨海湿地水位变化的原因有两个（Wdowinski et al.，2008）。第一个是有人工径流，第二个是降雨和蒸散。由于研究区面积很小，且被堤防所包围，即使在发生显著降雨事件后，主流方向的水位也没有明显的变化。只有在大规模的上游水流涌入之后，才有可能探测到反映水位差异明显的变化。图 4.14（c）红线为 2007 年 6 月 28 日闸门开启引起的流量，水位沿主流 *AA*′方向逐渐下降。InSAR 得到的水位观测结果清楚地说明了水位的季节变化。水位的季节变化与降雨事件的季节变化具有较好的一致性。强降雨事件集中在夏季，水位在夏季（6～8 月）也达到高峰，图 4.14（b）～（d）中以红黄线表示。同时，在冬季（11 月至次年 2 月），水位和降水事件同时触底，图 4.14（b）～（d）为深绿和蓝线。

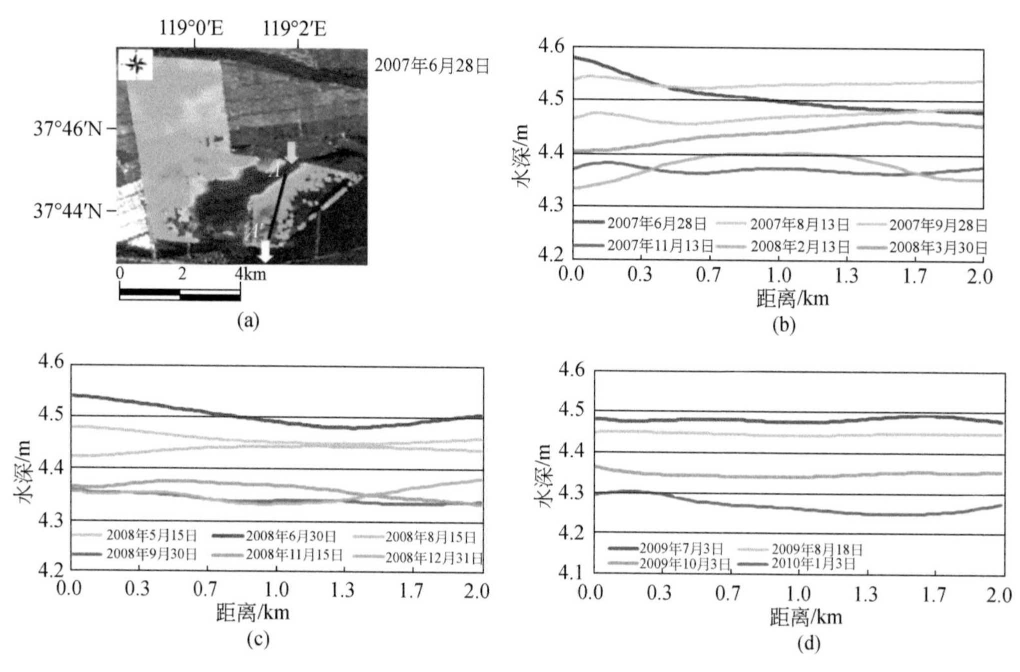

图 4.14　沿主要水流向的水位剖面位置与水位变化

（a）黑线 *AA*′表示沿主要水流向的水位剖面位置，黄色箭头和白色箭头分别标记进水闸门和出水闸门；（b）～（d）为不同采集日期沿 *AA*′剖面的水位数据之间的比较。将 RM2 中心的 InSAR 反演的水位数据投影到剖面上。纵轴表示水位变化，横轴表示沿直线 *AA*′的距离。（b）为 2007 年 6 月至 2008 年 3 月的水位数据；（c）为 2008 年 5 月至 2008 年 12 月的水位数据；（d）为 2009 年 7 月至 2010 年 1 月的水位数据

4.8　小　　结

时间去相关严重限制了永久散射体技术在长期水文信息估计中的应用，而长期水文信息估计是生态学家评价湿地生态性能的重要手段。为了克服这一限制，本书开发了一种新的分布式散射体技术开展湿地水文参数反演，该技术充

分利用了 InSAR 数据集，形成了一个最优干涉图网络，并开展了空间自适应滤波以降低噪声，提高分布式散射体的条纹可视性。利用水位数据进行标定，从 InSAR 观测中推导出水位时间序列，并将其转换为水深，由此得到的高分辨率水深图为确定湿地生态需水量和有效管理湿地提供了重要信息。

水深直接影响特定物种的分布、生长和适宜性。水深时间序列可以用来分析不同水文条件下植物群落的生态特征。利用水深时间序列，建立水深与各种生境分布的关系，计算最佳水位，使湿地生态系统处于适宜的理想状态。它使我们能够在湿地管理过程中做出明智的决定，最终改善维持生态系统，从而实现湿地的可持续发展。

参考文献

Adam N, Gonzalez F R, Parizzi A, et al., 2011. Wide area persistent scatterer interferometry: algorithms and examples. Proceedings of 'Fringe 2011 Workshop', Fringe 2011, Frascati, Italy, 19-23 September: 1-4.

Anderson T W, Darling D A, 1952. Asymptotic theory of certain "goodness of fit" criteria based on stochastic processes. The Annals of Mathematical Statistics, 23 (2): 193-212.

Barrodale I, Roberts F, 1973. An improved algorithm for discrete L1 linear approximation. Siam Journal on Numerical Analysis, 10 (5): 839-848.

Berardino P, Fornaro G, Lanari R, et al., 2002. A new algorithm for surface deformation monitoring based on small baseline differential SAR interferograms. IEEE Transactions on Geoscience and Remote Sensing, 40 (11): 2375-2383.

Colwell M, Taft O, 2000. Waterbird communities in managed wetlands of varying water depth. Waterbirds, 23 (1): 45-55.

Cui B, Zhao X, Yang Z, et al., 2006. The response of reed community to the environment gradient of water depth in the Yellow River Delta. Acta Ecologica Sinica, 26 (5): 1533-1541.

Cui B, Tang N, Zhao X, et al., 2009a. A management-oriented valuation method to determine ecological water requirement for wetlands in the Yellow River Delta of China. Journal for Nature Conservation, 17 (3): 129-141.

Cui B, Yang Q, Yang Z, et al., 2009b. Evaluating the ecological performance of wetland restoration in the Yellow River Delta, China. Ecological Engineering, 35 (7): 1090-1103.

Cui B, Hua Y, Wang C, et al., 2010. Estimation of ecological water requirements based on habitats response to water level in Huanghe River Delta, China. Chinese Geographical Science, 20 (4): 318-329.

Ferretti A, Prati C, Rocca F, 2002. Permanent scatterers in SAR interferometry. IEEE Transactions on Geoscience and Remote Sensing, 39 (1): 8-20.

Ferretti A, Fumagalli A, Novali F, et al., 2011. A new algorithm for processing interferometric data-stacks: SqueeSAR. IEEE Transactions on Geoscience and Remote Sensing, 49 (9): 3460-3470.

Goel K, Adam N, 2012. An advanced algorithm for deformation estimation in non-urban areas. ISPRS Journal of Photogrammetry and Remote Sensing, 73 (SEP): 100-110.

Goel K, Adam N, 2014. A distributed scatterer interferometry approach for precision monitoring of known surface deformation phenomena. IEEE Transactions on Geoscience and Remote Sensing, 52 (9): 5454-5468.

Gonzalez F R, Bhutani A, Adam N, 2011. L1 network inversion for robust outlier rejection in persistent scatterer interferometry. 2011 IEEE International Geoscience and Remote Sensing Symposium: 75-78. DOI: 10.1109/IGARSS.2011.6048901.

Hanssen R F, 2001. Radar interferometry: data interpretation and error analysis. Netherlands: Kluwer Academic Publishers.

Hong S H, Wdowinski S, 2014. Multitemporal multitrack monitoring of wetland water levels in the florida everglades using ALOS PALSAR data with interferometric processing. IEEE Geoscience and Remote Sensing Letters, 11 (8): 1355-1359.

Hong S H, Wdowinski S, Kim S W, et al., 2010. Multi-temporal monitoring of wetland water levels in the Florida Everglades using interferometric synthetic aperture radar (InSAR) . Remote Sensing of Environment, 114 (11): 2436-2447

Hooper A, 2006. Persistent scatterer radar interferometry for crustal deformation studies and modeling of volcano deformation. California: Stanford University.

Jackson M, Colmer T, 2005. Response and adaptation by plants to flooding stress. Annals of Botany, 96 (4): 501-505.

Jia L, Xi G, Liu S, et al., 2009. Regional estimation of daily to annual regional evapotranspiration with MODIS data in the Yellow River Delta wetland. Hydrology and Earth System Sciences, 6 (2): 1775-1787.

Kandus P, Karszenbaum H, Pultz T, et al., 2001. Influence of flood conditions and vegetation status on the radar backscatter of wetland ecosystems. Canadian Journal of Remote Sensing, 27 (6): 651-662.

Kasischke E S, Smith K B, Bourgeau-Chavez L L, et al., 2003. Effects of seasonal hydrologic patterns in south Florida wetlands on radar backscatter measured from ERS-2 SAR imagery. Remote Sensing of Environment, 88 (4): 423-441.

Kim J W, Lu Z, Jones J W, et al., 2014. Monitoring Everglades freshwater marsh water level using L-band synthetic aperture radar backscatter. Remote Sensing of Environment, 150 (1): 66-81.

Kim S W, Wdowinski S, Amelung F, et al., 2013. Interferometric coherence analysis of the Everglades wetlands, South Florida. IEEE Transactions on Geoscience and Remote Sensing, 51 (12): 5210-5224.

Kuenzer C, Ottinger M, Liu G, et al., 2014. Earth observation-based coastal zone monitoring of the Yellow River Delta: dynamics in China's second largest oil producing region observed over four decades. Applied Geography, 55C: 92-107.

Laitinen J, Rehell S, Oksanen J, 2008. Community and species responses to water level fluctuations with reference to soil layers in different habitats of mid-boreal mire complexes. Plant Ecology, 194 (1): 17-36.

Lauknes T R, Zebker H A, Larsen Y, 2011. InSAR deformation time series using an-norm small-baseline approach. IEEE Transactions on Geoscience & Remote Sensing, 49 (1): 536-546.

Li S N, Wang G X, Deng W, et al., 2009. Influence of hydrology process on wetland landscape pattern: a case study in the Yellow River Delta. Ecological Engineering, 35 (12): 1719-1726.

Lu Z, Kwoun O I, 2008. Radarsat-1 and ERS InSAR analysis over southeastern coastal Louisiana: implications for mapping water-level changes beneath swamp forests. IEEE Transactions on Geoscience and Remote Sensing, 46 (8): 2167-2184.

Mitsch W J, 1995. Restoration of our lakes and rivers with wetlands—an important application of ecological engineering. Water Science and Technology, 31 (8): 167-177.

Parizzi A, Brcic R, 2011. Adaptive InSAR stack multilooking exploiting amplitude statistics: a comparison between different techniques and practical results. IEEE Geoscience and Remote Sensing Letters, 8 (3): 441-445.

Perissin D, Wang T, 2012. Repeat-pass SAR interferometry with partially coherent targets. IEEE Transactions on Geoscience and Remote Sensing, 50 (1): 271-280.

Poncos V, Teleaga D, Bondar C, et al., 2013. A new insight on the water level dynamics of the Danube Delta using a high spatial density of SAR measurements. Journal of Hydrology, 482 (5): 79-91.

Rodriguez G F, Adam N, Parizzi A, et al., 2013. The Integrated Wide Area Processor (IWAP): a processor for wide area persistent scatterer interferometry. Proceedings of ESA Living Planet Symposium 2013. ESA Living Planet Symposium 2013, 9-13 September, Edinburgh, UK.

Scholz F W, Stephens M A, 1987. K-sample Anderson-Darling tests. Journal of the American Statistical Association, 82 (399): 918-924.

Wdowinski S, Kim S W, Amelung F, et al., 2008. Space-based detection of wetlands' surface water level changes from L-band SAR interferometry. Remote Sensing of Environment, 112 (3): 681-696.

Werner C, Wegmüller U, Strozzi T, et al., 2007. PALSAR multi-mode interferometric processing. Proceedings of the First Joint PI Symposium of ALOS Data Nodes for ALOS Science Program, 19-23 November, Kyoto, Japan.

Xue C, 1993. Historical changes in the Yellow River delta, China. Marine Geology, 113 (3): 321-330.

Yue T X, Liu J Y, Jørgensen S E, et al., 2003. Landscape change detection of the newly created wetland in Yellow River Delta. Ecological Modelling, 164 (1): 21-31.

第5章　SAR精准测距湿地水位反演研究

由于TerraSAR-X具备雷达视线方向上厘米级的定位能力，使得利用SAR精确测距来监测湿地水位变化成为可能，本章将对SAR精准测距湿地水位反演的基本原理和应用进行阐述。

5.1　TerraSAR-X精确测距原理

TerraSAR卫星计划是德国研制的高分辨雷达卫星系统，由TerraSAR-X和TanDEM-X两颗不同的SAR卫星组成，于2007年发射升空并完成了系统的在线测试，2008年正式向用户提供数据服务。TerraSAR-X雷达卫星除了具有雷达卫星的特点外，还具有多极化、多入射角、精确的姿态和轨道控制能力等特点。由于稳定的采样频率和高精度的轨道定位能力，TerraSAR-X具备雷达视线方向上厘米级的定位能力，使得利用SAR精确测距来监测湿地水位变化成为可能。

SAR影像测距的几何关系可以在二维坐标系中近似表示，如图5.1所示。

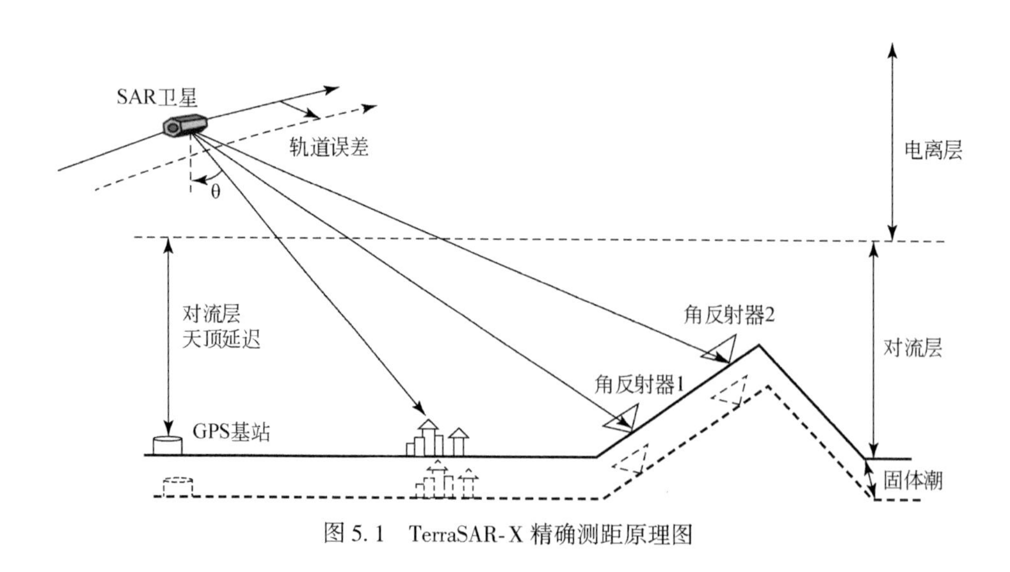

图5.1　TerraSAR-X精确测距原理图

在SAR的零多普勒坐标系中，方位向是沿着天线飞行轨迹的方向，距离向是在与天线轨迹正交的方向。在距离向，SAR系统的每个像素所对应的距离向时间与SAR传送和接收反射脉冲的双向时间延迟相一致。假设信号各向同性和均匀传播，时间延迟对应于电磁波从天线到地面目标再返回天线的时间，但是电离层和对流层的非均匀性折射导致电磁波偏离了原来的传输路径，同时地球物理效应会改变地面目标的空间位置。

因此，想要实现TerraSAR-X精确测距，关键在于精确地确定SAR天线与角反射器的最强反射点之间的距离，需要研究WRF天气模式校正SAR大气路径延迟的算法，综合考虑固体潮、极潮、大气负荷的影响形成SAR观测过程中地球物理效应改正算法，建立湿地水位与雷达斜距之间的数学关系，才能最终形成TerraSAR-X精确测距反演湿地水位的技术方法。

（1）在雷达发射电磁波到达地面目标以及地面目标散射电磁波返回雷达天线的过程中，电磁波两次穿越了大气层，其中电离层电子会对电磁波产生散射效应，对流层会对电磁波产生折射效应。对于X波段SAR，较高的电离层电子浓度造成的电磁波传播路径延迟仅为厘米级，而对流层中的水汽造成传播路径延迟可以达米级以上。因而要实现SAR斜距方向上厘米级的定位精度，大气层造成的电磁波传输路径延迟是必须要考虑的问题。

（2）在SAR对地面目标两次成像的过程中，地球物理效应（固体潮、极潮、海潮负载和大气负载）会造成地面目标位置上的改变，其中固体潮可以造成地面目标在垂直方向高达50cm的改变，在水平方向上存在厘米级的改变；极潮和大气负载可以造成地面目标在垂直方向上厘米级的改变；在内陆，海潮负载造成的地面目标位置改变可以不用考虑。因而要实现SAR斜距方向厘米级的定位精度，地球物理效应造成的地面目标位置改变也是必须要考虑的问题。

（3）由于水面对于雷达回波以镜面散射为主，回波信号强度极低，要反演水位需要布设人工角反射器形成强散射目标，通过确定人工反射器的虚拟相位中心来反演水位。由于SAR的分辨单元大小是米级的，要实现SAR斜距方向厘米级的定位精度，必须研究点散射目标的脉冲响应特征实现角反射器的亚像元级的精准定位。

5.2　TerraSAR-X 精确测距精度分析

5.2.1　雷达视线方向的定位精度

SAR 影像中包含着二维信息，包括了雷达的距离向信息和雷达卫星沿着天线飞行轨迹的方位向信息。SAR 系统的每个像素的距离向时间对应着发射和接收脉冲的双向时间延迟。

在真空中，地面上目标点的像素中心与雷达卫星天线之间的距离 r 可以根据影像的像素位置距离来计算，如公式（5.1）所示。

$$r = \left(\frac{i + i_o}{f_s} + \tau_{el}\right)\frac{c}{2} \tag{5.1}$$

式中，i 是影像中反射器的像素数；f_s 是雷达的采样频率；c 表示真空中的光速；i_o 表示未被记录的像素数，它是脉冲传输之后和接收器实际开始采样前之间的未被记录的像素；τ_{el}代表的是电子延迟。

对于 TerraSAR-X，取样窗口起点与采样频率时钟是由数字硬件进行连接的。假设 c 是已知的，测距的误差是由采样频率 f_s 的精度所决定的。公式（5.1）对采样频率 f_s 进行求导，可得到公式（5.2）。

$$\frac{\partial r}{\partial f_s} = -\frac{(i + i_o)c}{2f_s^2} \tag{5.2}$$

TerraSAR-X 在距离为 700km 和采样频率 330MHz 的情况下获取影像，$(i + i_o)$ 大约为 1.5×10^6，这样的条件下要达到测距精度为 1cm，则采样频率必须满足准确而又稳定的条件，并且保持在 4.8Hz 的条件。目前多数卫星的雷达采样频率都达不到这种条件，而多项研究和实验表明，TerraSAR-X 的采样频率是足够稳定的，可以达到所需的条件。

5.2.2　卫星轨道精度

为了检验 SAR 精准测距的能力，SAR 天线的相位中心的位置是必须知道的。现有的雷达卫星中，ERS-1 卫星是通过激光测距方法测距，ENVISAR 卫星使用的是 DORIS 工具，而 TerraSAR-X 卫星是通过机载 GPS 接收机测距的。

一般情况下，TerraSAR-X的卫星轨道精度优于10cm。当TerraSAR-X使用GPS双频接收机，而且经过数据处理后，三维精度可以达到4.2cm。

5.2.3　大气延迟

雷达信号是穿过大气层后达到地面的，在这个过程中，经历了电离层和对流层。由于大气中介质的存在，雷达的传播会偏离原来的路线。对于SAR影像，电离层的延迟是很复杂的，可以通过VTEC（垂直电子总量）计算求得。其中VTEC代表的是每平方米内的电子数，可用公式（5.3）计算电离层的延迟：

$$\sigma_{\text{iono}} = \frac{40.28\text{m}^3 \cdot \text{s}^{-2}}{f^2}\frac{\text{VTEC}}{\cos\theta} \tag{5.3}$$

其中，f代表的是载波频率；θ代表的是雷达的天顶角。VTEC通常是一个10^{16}级的值。定义10^{16}级为TECU，一般VTEC的数据会达到5～10TECU，但是在太阳剧烈活动或者特殊的条件下，其数值可能会高于100。

公式（5.3）是在完全电离层的环境下的计算方法，这对于低轨卫星是不适用的。TerraSAR-X的轨道高度为500多千米，电磁波只会穿过电离层的一小部分。Michael Eineder的研究表明，对于X波，电离层的延迟是很小的，结果如下：在VTEC为5TECU和入射角为0°的条件下，不同波长在电离层中的延迟情况不同，L波段的电离层延迟达到了1.29m，C波段的电离层延迟达到了0.0642m，X波段的电离层延迟仅为0.0216m。TerraSAR-X雷达的电磁波穿透大气层的过程中只是穿过电离层的一部分，其影响结果很小，故而在本书中TerraSAR-X在电离层受到的影响不考虑在内。

雷达信号在穿过对流层时，可以从两个方面分别考虑，一方面是影响较大的干延迟（zenith hydrostatic delay，ZHD），另一方面是较小的湿延迟（zenith wet delay，ZWD）。干延迟是由大气的干燥气体造成的，在高度和压力已知的情况下是可以被模拟出来的；湿延迟可以根据水汽含量进行计算。季节性天顶延迟的变化会有10cm的浮动。SAR信号延迟可以通过乘以天顶延迟的映射函数$(\cos\theta)^{-1}$来估计，在入射角为45°时峰值到峰值之间的变化大约为28cm。

基于大气数值模式（WRF）的校正方法是目前常用的一种方法，这种方法不受时间分辨率的限制，不受云的干扰，可以获得与SAR数据获取时刻同步的大气水汽场信息，但是其空间分辨率较粗，需对其进行插值。

5.2.3.1 WRF 大气改正方法

WRF 模式模拟的水汽结果用于雷达的大气校正是可行的。WRF 模式计算出来的结果并非可以直接用于雷达大气校正的数据，需要根据 WRF 计算结果中的水汽混合比、气体湿度比、气压数据等产量，根据公式（5.4）计算出大气综合可降水量 IWV：

$$\mathrm{IWV} = \sum_{k=0}^{N} \frac{P_k}{R_\mathrm{d} T_{\mathrm{v}k}} \mathrm{QVAPOR}_k \Delta z_k \tag{5.4}$$

其中，QVAPOR 是指水汽混合比；k 是 WRF 模式的大气垂直系数，最大层数为 N；P_k 为 k 层的大气压；Δz_k 是第 k 层的层高；R_d 是干空气的比气体常数；$T_{\mathrm{v}k}$是第 k 层的虚温；T_k 为第 k 层的温度。再将算得的 IWV 重采样到大地坐标系下，最后根据需要可将其转化到 SAR 的 LOS 方向，计算出大气延迟相位。

天顶电离层传播误差与电子浓度成比例关系。尽管 SAR 卫星所采取的轨道为太阳同步轨道，电离层的周日变化相位通过干涉差分几乎可以完全抵消，但是，从电离层长期变化规律来看，太阳活动平静期全球平均 STEC（电子总量）可为太阳活动高峰期的 1/5，对于雷达来说这是不可忽略的，可能会引起几十米甚至几百米的高程误差。电离层是一种频散介质，对 SAR 电磁波的影响与波长的平方成比例，即对 L 波段的影响是 C 波段的 16 倍。比如，如果电离层引起 5.6cm 波长的 C 波 1.5m 的传播误差，假设大气状况和成像几何关系一致，对 23.6cm 的 L 波将引起 24m 传播误差。忽略高阶项，沿电磁波传播路径上的 STEC 与电离层相位延迟 $\Delta\rho$ 之间的关系简化如公式（5.5）所示：

$$\Delta\rho = -\frac{a}{f^2} \cdot \mathrm{STEC} \tag{5.5}$$

当 STEC 为 10TECU 时，电离层相位延迟与电磁波频率的关系如图 5.2 所示。

根据公式（5.5）和图 5.2 可知，电离层造成的相位延迟与频率的平方成反比，也就是与波长的平方成正比，在 STEC 为 10TECU 时，X 波受到电离层的影响是很小的，近乎零。而且 TerraSAR-X 卫星属于低轨卫星，只是部分地穿过电离层，因此在本书中忽略电离层的影响。

对流层大气参数通常分为湿大气参数和干大气参数。其中湿大气参数一般指的是大气中水汽分气压，干大气参数一般指静力大气参数，包括干大气压和温度。对流层中大气延迟与大气折射率密切相关。大气折射率在水平和垂向的

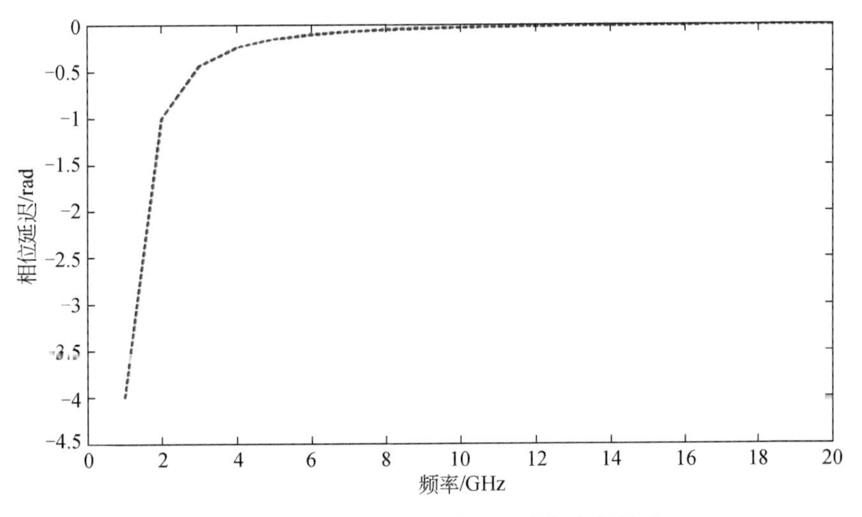

图5.2　电离层相位延迟与电磁波频率的关系

各向受多重因素的影响，主要包括水汽、气压、温度和液态水的空间分布的影响，影响计算方法见公式（5.6）：

$$N = k_1 \frac{P_d}{T} + \left(k_2 \frac{e}{T} + k_3 \frac{e}{T^2}\right) + k_4 W \qquad (5.6)$$

其中，P_d 是干大气压，hPa；T 是大气温度，℉；e 是水汽分气压，hPa；W 是液态水含量，g/m^3；k_1，k_2，k_3，k_4 均为常数。

不考虑由液态水引起的大气延迟，天顶对流层总延迟（zenith total delay，ZTD）是根据大气折射率由地表积分到对流层顶层得到，如公式（5.7）：

$$L = 10^{-6}\left\{\frac{k_1 P_d}{g_m} P(z_0) + \int_{z_0}^{z}\left[\left(k_2 - \frac{R_d}{R_v} k_1\right)\frac{e}{T} + k_3 \frac{e}{T^2}\right]dz\right\} \qquad (5.7)$$

其中，R_d、R_v 分别为特定的干空气、水汽常数；g_m 是重力加速度在对流层中的均值；P 为气压，P_d为特定高度的气压；z_0 和 z 分别表示地表和对流层顶层高度。

根据公式（5.7）可以得到在某一高度的视线向单程延迟，如公式（5.8）所示。

$$\begin{aligned}\delta L_{\mathrm{LOS}}^{s}(z) &= L_{\mathrm{LOS}}^{s}(z) - L_{\mathrm{LOS}}^{s}(z_{\mathrm{ref}}) \\ &= \frac{10^{-6}}{\cos\theta}\left\{\frac{k_1 R_d}{g_m}(p(z) - p(z_{\mathrm{ref}}) + \int_{z_{\mathrm{ref}}}^{z}\left[\left(k_2 - \frac{R_d}{R_v}k_1\right)\frac{e}{T} + k_3\frac{e}{T^2}\right]dz\right\}\end{aligned} \qquad (5.8)$$

其中，θ 是局部入射角；z_{ref} 为 SAR 影像区域的平均高程；LOS 为卫星视线方向；g_m 为在高度 z 和 z_{ref} 之间的重力加速度加权均值。公式（5.8）中，等号右边第一项表示干延迟（zenith hydrostatic delay，ZHD），即静力延迟；第二项表示湿延迟（zenith wet delay，ZWD）；第三项表示液态水延迟（liquid delay）。

5.2.3.2　大气干延迟

大气干延迟可以根据地面点纬度、高程和地表气压计算，通过 Davis 估计模型可得干延迟，如公式（5.9）：

$$\mathrm{ZHD} = (2.277 \pm 0.0024)\frac{P_s}{f(\varphi,H)}$$

$$f(\varphi,H) = 1 - 0.00266\cos\varphi - 0.00028H \tag{5.9}$$

其中，干延迟的单位是 mm；P_s 为地表气压，hPa；φ 代表地面点纬度，（°）；H 代表地面点高程，km。

天顶静力延迟在天顶方向上一般大小为 2.3m，对地面气压测量误差的敏感度为 2.3mm/hPa，因此当地面气压测量精度优于 0.4hPa 时，天顶静力延迟的计算精度能达到 1mm。通常获得的地面气压测量精度优于 0.2hPa，因此天顶静力延迟的计算精度优于 1mm。然而在极端条件下，例如有暴风雨以及严重的大气湍流，气压保持在 1000mbar（1mbar = 100Pa）时，该误差可能达到 20mm 以上。

一般地，当一幅 SAR 影像的覆盖范围为 100km×100km 时，地表气压随空间变化常常小于 1hPa，且地表气压随时间变化非常缓慢。

5.2.3.3　大气湿延迟

水汽主要集中在近地表的对流层中，而且伴随有强烈的大气湍流。大气湍流是一个随机变化量，它使大气折射率表现出空间上的异质，从而引起局部相位梯度。雷达大气相位的 RMS 波动服从 Treuhaft-Lanyi 的统计模型，湿延迟在雷达测量中小范围内的波动是由大气湍流引起的。大气相位功率谱的幂律规律表明，大部分的大气相位信号包含在低频中。

大气中水汽状况的物理量一般为可降水汽含量（precipitable water vapor，PWV），它可以从已有的空基监测系统中直接获取，可降水汽与天顶湿延迟的转化关系如公式（5.10）所示。

$$ZWD=\left[10^{-6}\rho\cdot\left(k'+\frac{k}{T_m}\right)\cdot R_v\right]\cdot PWV=\prod\cdot PWV \tag{5.10}$$

其中，k'和k是指折射常数；ρ指的是液态水密度；T_m是对流层的加权平均温度；R_v是特定的大气常数。比例因子无量纲，通常数值范围为6.0～6.5，根据ZWD和PWV的关系，采取一个平均的转换因子6.2可得，一般情况下的大气湿延迟精度为10mm左右。

天顶湿延迟对干涉图的影响可用公式（5.11）表示：

$$\sigma_{\varphi}=\frac{4\sqrt{2\pi}}{\lambda}\frac{1}{\cos\theta}\sigma_{ZWD} \tag{5.11}$$

其中，σ_{φ}表示大气延迟引起的变形量误差。由公式（5.11）可以看出，天顶湿延迟与形变量误差成正比。

根据公式（5.11），当ZWD为10mm，入射角为30°时，可以得到波长对相位延迟的影响如图5.3所示。

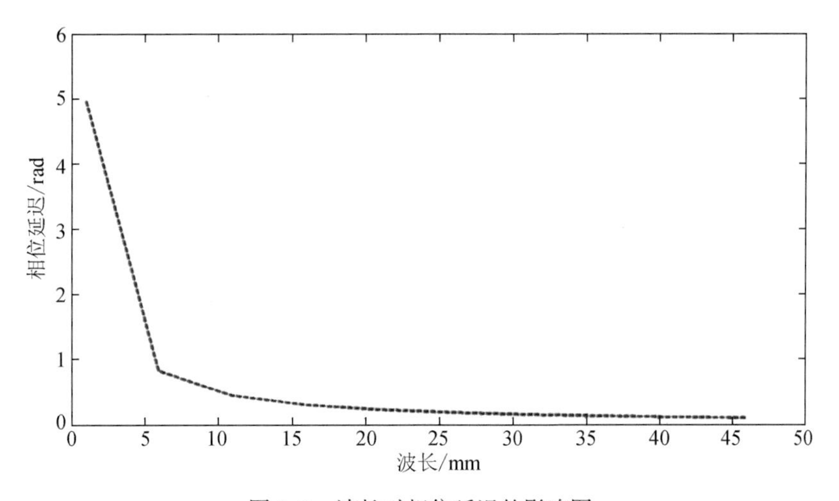

图5.3　波长对相位延迟的影响图

对于TerraSAR-X卫星而言，雷达波长为3.2cm，入射角为26°左右，从图5.3可以看出，在入射角为30°时，10mm的ZWD误差可以引起干涉图0.16～0.23个相位延迟。

视线向形变误差和相位误差的关系可用公式（5.12）表示。

$$\sigma_{\Delta\rho}=\frac{\lambda}{4\pi}\sigma_{\varphi} \tag{5.12}$$

湿延迟的影响要比干延迟的影响要小，Elgered指出，湿延迟的空间变化约为0～30cm，时间变化约为0～20cm。基于气象数据利用模型估计的湿延迟精度可以达到2cm左右。

5.2.3.4　TerraSAR-X数据大气改正

本书中使用WRF大气改正方法来计算大气对TerraSAR-X产生的影响。通过收集全球的大气压力以及大气可降水量数据，根据上述方法分别求解对流层的湿延迟造成的距离延迟和干延迟造成的距离延迟。

根据笔者编写的程序，在输入目标点的大致地理位置、时间以及雷达卫星的基本信息（入射角和波长）之后便可得到成像时刻大气延迟对测距的影响。本书中所获雷达数据为2016年10月1日和10月12日的，这两日的大气干延迟和湿延迟的计算结果如表5.1所示。由表5.1可知，大气延迟造成的距离延迟可达到米级，在获取数据的这两天，大气延迟造成的误差达到了1.5m以上。

表5.1　TerraSAR-X影像的大气改正

日期	大气干延迟	大气湿延迟	大气延迟	大气延迟距离/mm
10月1日	-617.2810	-12.0010	-629.2810	-1602.4482
10月12日	-615.6130	- 7.8030	-623.4130	-1587.5011

5.2.4　地球物理效应

外部压力和荷载在不同时刻造成的固体地球变形是不同的。地球物理效应是非常复杂的，本书主要从固体潮、极潮和大气荷载三部分进行分析。由于太阳和月亮的引潮力而引起固体地球的变化称为固体潮，其影响可以达到50cm；由极移运动造成的自转轴的变化而引起的变形称为极潮，其造成的误差也达到了几厘米；由于大气质量在地球表面随着时间而重新分布导致地球荷载的变化，从而引起了地球形变称为大气荷载的影响，它对地球观测点的影响可达几厘米。综上所述，由于地球物理效应的存在，地球会发生几十厘米的变化。为了实现雷达精准测距的目的，研究中需要将这些影响因素考虑并计算在内。

其中固体潮的影响最大，固体潮的计算是基于Milbert（2011）的小程序，该程序内所使用的算法精度可达到1mm。Adrian Schuberb等人通过将这个

Solid程序与另一个声称有1cm精度的模型进行对比，发现固体潮部分的计算精度至少达到了1cm。

5.2.4.1　固体潮改正

固体潮的计算方法复杂，本书采用Dennis Mibert的Solid软件计算固体潮对观测点位移的影响。Solid软件界面简单，使用方便，在已知日期和地理位置的情况下可以计算出该地一整天的固体潮位移变化。通过代码和Solid软件，可以得到输出固体潮引起观测点的垂直位移，结果如图5.4所示。

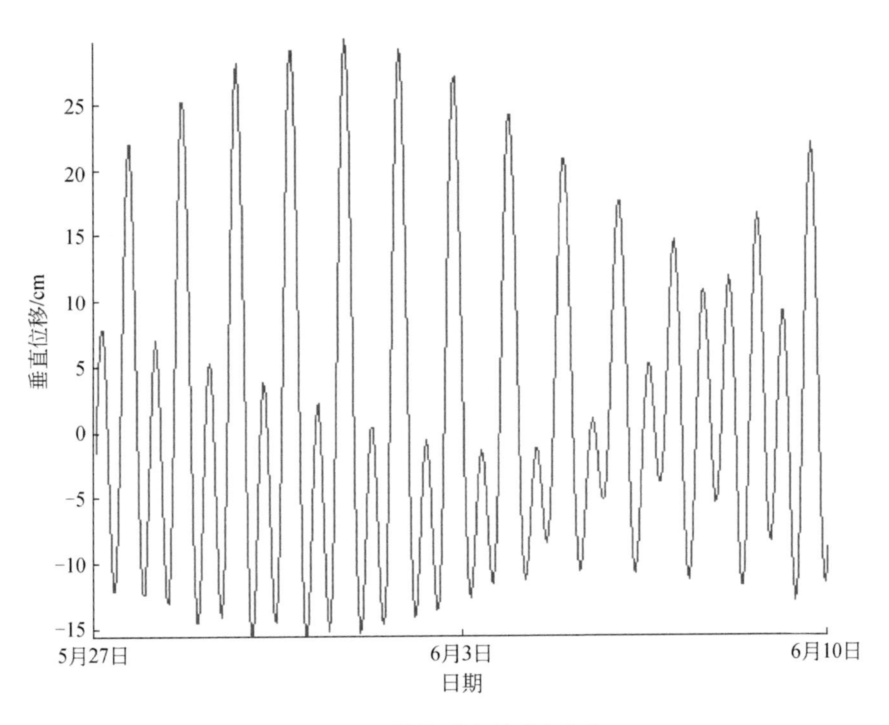

图5.4　固体潮引起的垂直位移

从图5.4可以看出，在这一个多月内，由固体潮引起的垂直位移存在一定的周期性，这段时间内垂直位移的最大值达30cm，最小值达-15cm，即固体潮仅在垂直方向造成的位移会有接近45cm的浮动。这样的影响在精准测量中是必须考虑在内的。

在有Solid软件的基础上，也可以得到某一范围内固体潮引起的变化。

图5.5表明，在选取区域内固体潮引起的垂直变形最大值达到35cm，最小值达-15cm，这表明，即使是同一时间，不同地点固体潮引起的垂直位移

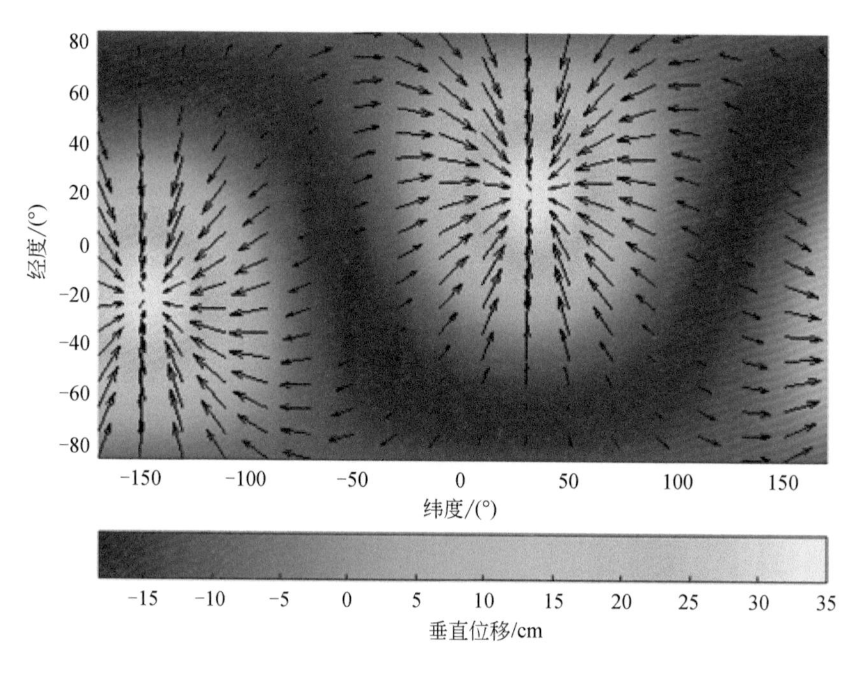

图 5.5　某一区域固体潮引起的位移

也是不一样的。由图 5.5 可知，最大值位于低纬度地区，在某一小区域内垂直位移的变化是递增或者递减发生的。

图 5.6 和图 5.7 分别为 2016 年 10 月 1 日和 10 月 12 日由固体潮引起的观测点三维方向上的位移变化。从图 5.6 和图 5.7 中可得，固体潮在三维方向的位移变化具有一定的规律，位移与时间存在似正弦函数的关系，但相邻两个峰值并不相同，在一天时间内会有 2 ~ 2.5 个周期，即使是同一地点，在不同时间受到固体潮的影响也是不同的。这两天中，固体潮引起的垂直方向的位移变化是最明显的，在-150 ~ 150mm 之间，正北方向的位移的变化范围在-65 ~ 5mm 之间，正东方向的位移的变化范围为-55 ~ 55mm 之间。因此，固体潮对观测站的影响是不容忽略的，而且要准确计算某一点的固体潮引起的位移变化，观测时间的记录也是要严格控制的。

TerraSAR-X 雷达影像的成像时间分别为 2016 年 10 月 1 日和 10 月 12 日的 UTC 时间 23：45。根据成像时间、观测点的地理位置，可得到成像时刻固体潮对观测点造成的位移影响，结果如表 5.2 所示。

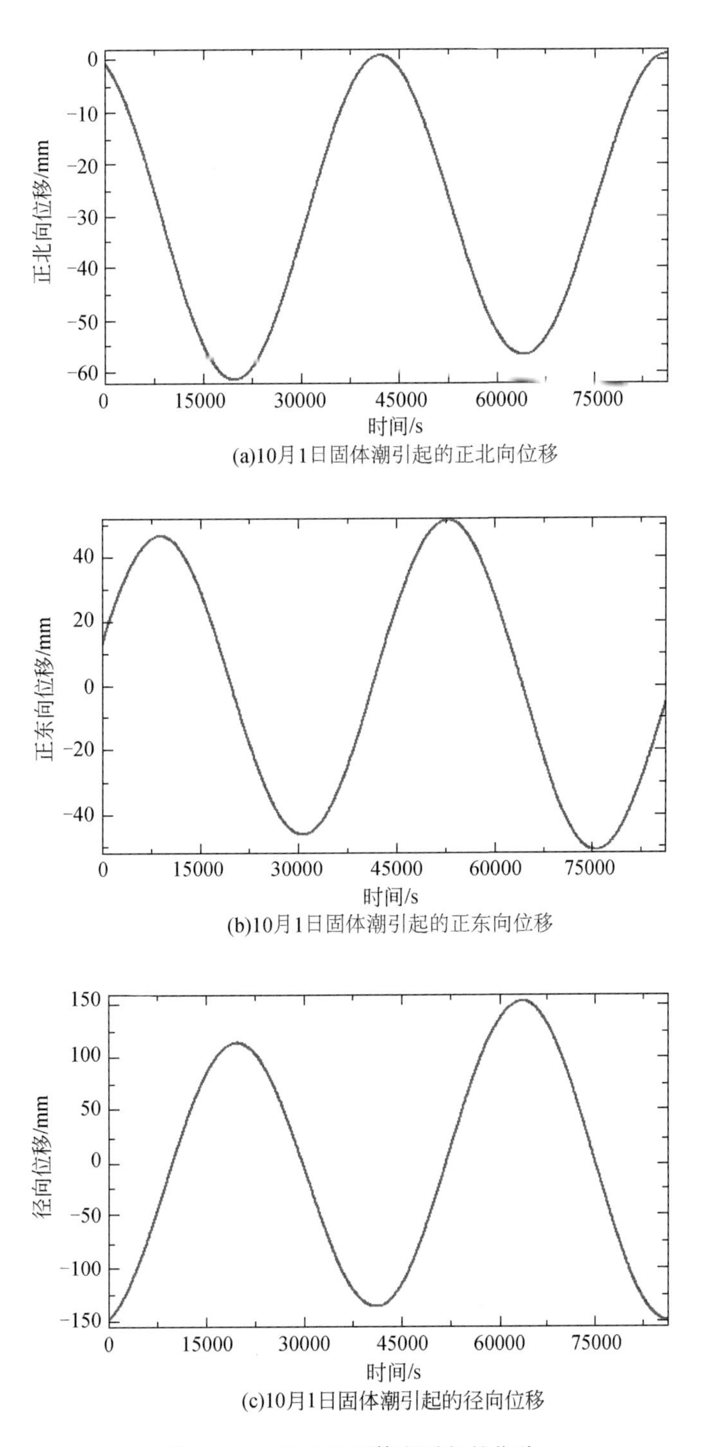

(a)10月1日固体潮引起的正北向位移

(b)10月1日固体潮引起的正东向位移

(c)10月1日固体潮引起的径向位移

图 5.6　10 月 1 日固体潮引起的位移

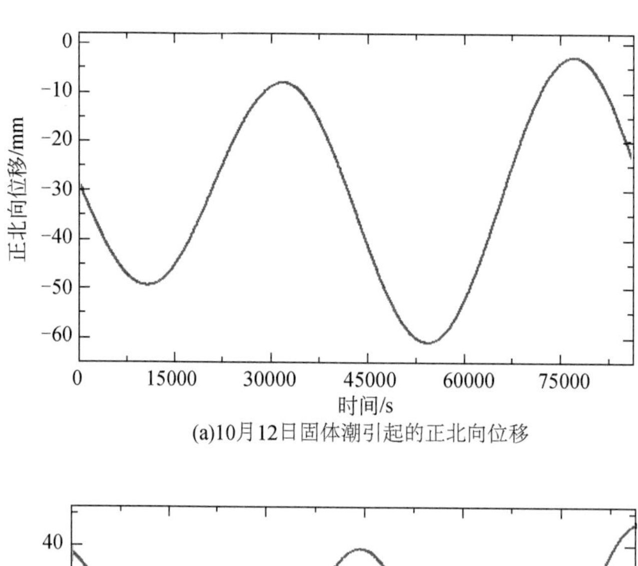

(a)10月12日固体潮引起的正北向位移

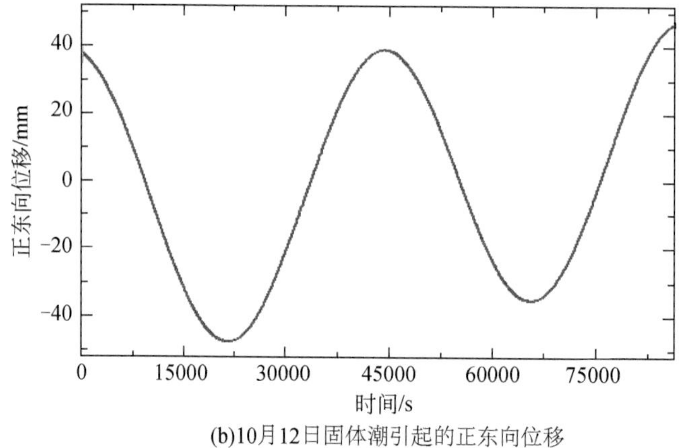

(b)10月12日固体潮引起的正东向位移

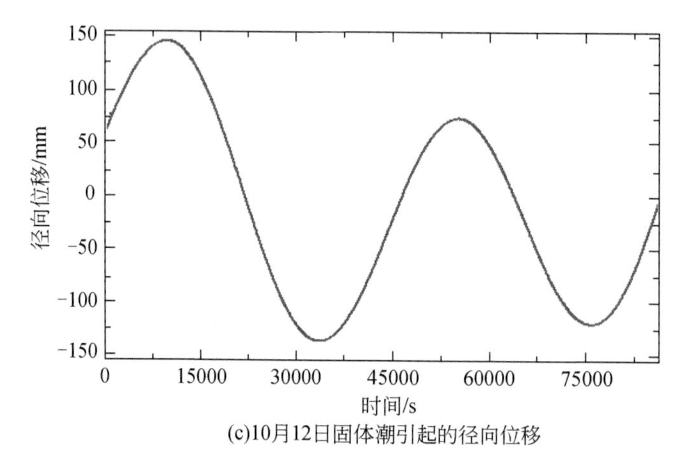

(c)10月12日固体潮引起的径向位移

图 5.7　10 月 12 日固体潮引起的位移

表 5.2　成像时刻固体潮引起的位移　（单位：m）

时间	时刻	正北	正东	垂直
10 月 1 日	85500（23：45）	0.0010	-0.0087	-0.1472
10 月 12 日	85500（23：45）	-0.0212	0.0457	-0.0171

注：计算精度达到了 0.000001m。

5.2.4.2　大气负荷修正

本书采用 Rabbel 和 Zschau（1985）提出的只依赖于大气压变化的地壳垂直变形的简化关系来改正大气负荷对观测点位移变化的影响。

1. 大气压力数据获取

根据 Rabbel 和 Zschau 提出的大气负荷修正模型，要计算大气负荷对实验区的位移的影响，则需知道实验地区及其周边地区的大气压力数据。获取所需大气压力数据的途径有两种，一种是从 NCER/NCAR 的再分析数据集平均资料子集中获得。NCER/NCAR 大气压为地表气压的月均值，区域范围为纬度 90°N ~90°S，经度 0° ~360°，其空间分辨率为 2.5°×2.5°，单位为 mbar。另一种方法是从中央气象台网站上实时获取各地的气压数据，此网站每天实时更新各地区的气压数据，在此网站上可获取各地区的温度、降水、湿度和气压等数据信息。

由于实验区域范围较小，在空间分辨率为 2.5°×2.5°气压数据中不能准确地获取实验区的气压数据，并且获取的数据并非实时的，很难刚好得到成像时刻实验区的准确气压数据，综合这些考虑，本书选择第二种获取大气压数据的方式，每天搜集并记录实验区及周边地区的大气压数据。

2. 大气负荷造成的垂直形变

根据 Rabbel 和 Zschau 提出的改正大气负荷对地球形变影响的方法，需要求出实验区周边 2000km 内的平均大气压。首先需要根据实验区周边分布均匀的参考点的气象数据拟合一个二次曲面，接着通过对这个曲面进行运算得到 2000km 内平均气压值。

为了实现气压分布的曲面拟合，求得气压数据拟合系数 $A_0 \sim A_5$，则至少需要 6 个点的气压数据。而且点数越多，其拟合精度就越高，点的多少直接影响气压曲面的拟合接近程度。同时，点在曲面内分布得越均匀，其拟合效果也就越好。所以在选择采样点时尽量选择与测站点距离分布均匀的点，并且其点数越多越好。本书选择可鲁克湖周围的德令哈、西宁、玉树、兰州、格尔木、敦煌、酒泉、哈密和那曲 9 个点参与曲面拟合计算，搜集并记录了这 9 个地方 2016 年 8 月至 10 月的大气压力数据。

2016 年 10 月 1 日至 10 月 15 日 8：00，9 个地方的气压变化情况如图 5.8 所示，同一时刻的不同地区气压差别很大，那曲气压均值在 590hPa 左右，哈密气压值在 920hPa 左右，两地气压相差 330hPa，这表明在实验区大气压荷载会对观测点的位移产生很大的影响。

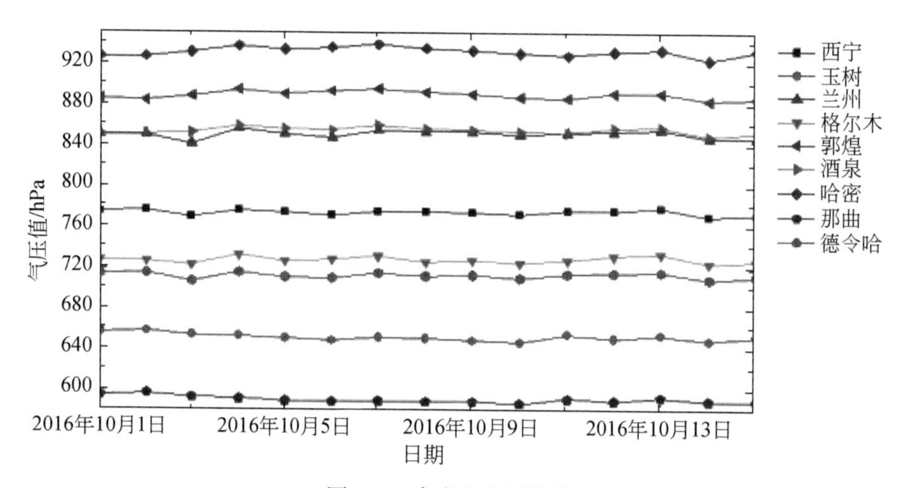

图 5.8　参考点气压数据

图 5.9 为德令哈市 10 月 1 日至 15 日 8：00 的大气压数据图，变化范围在 10hPa 左右，这说明即使是同一地点相邻几天的同一时刻的大气压力值也有很大的变化。其他 8 个城市的 15 天的气压数据也表现出了一定的无规律性，在此不再一一列举。因而，为了得到准确的各时刻的大气负荷造成的垂直变形，最好按照第二种大气压力数据获取方法搜集数据。

在得到德令哈、西宁、玉树、兰州、格尔木、敦煌、酒泉、哈密和那曲 9 个地区的气压数据后，对气压数据进行拟合，得到可鲁克湖附近 2000km 范围的气压拟合曲面。通过 MATLAB 编码实现这一过程，输入 9 个点的气压数据和距离信息，拟合得到一个二次曲面多项式，10 月 1 日的气象数据拟合出的公式如式（5.13）所示：

$$p(x,y) = 752.4 + 0.03544x + 0.264y + 0.0002384x^2 - 0.000059xy + 0.00001y^2 \tag{5.13}$$

在得到二次拟合曲面之后，根据公式（5.13）可求得 2000km 内的平均气

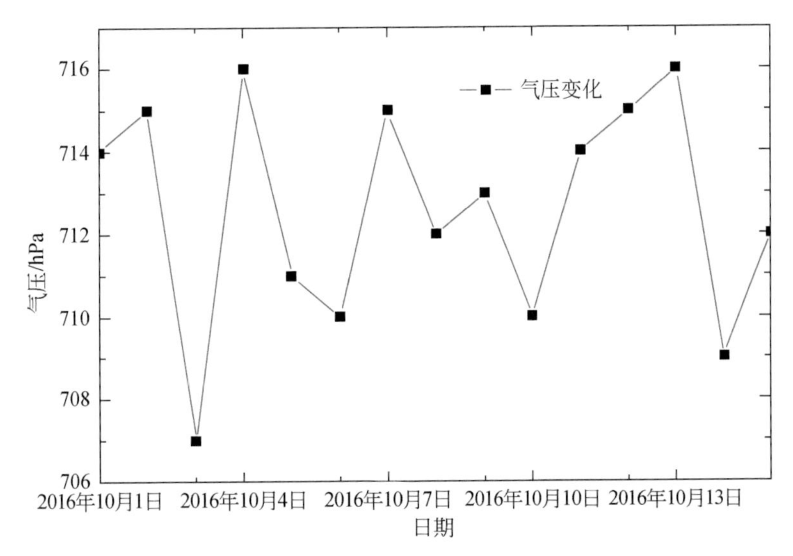

图5.9　德令哈气压数据

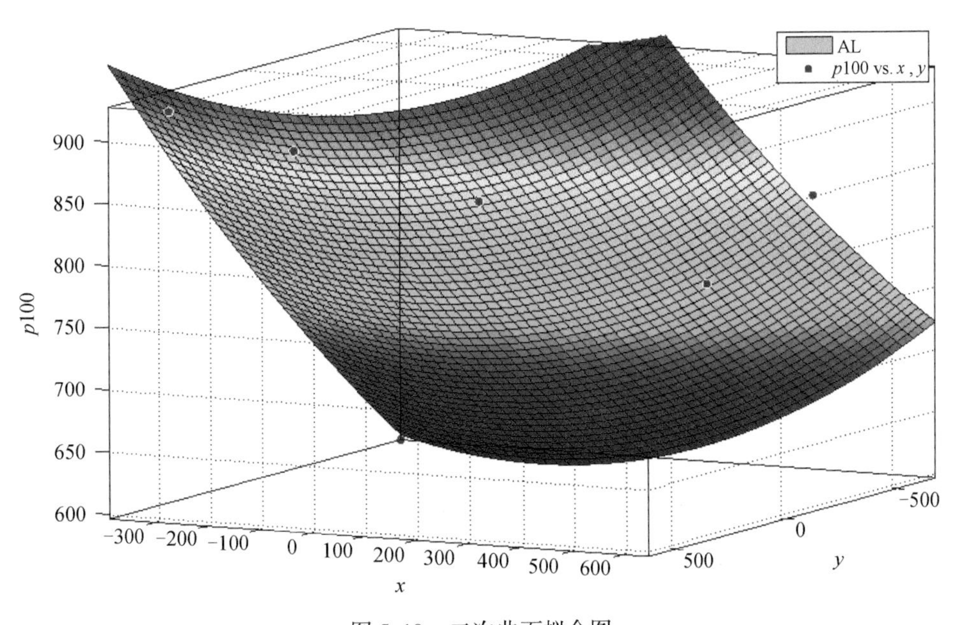

图5.10　二次曲面拟合图

压值。公式（5.13）可写成公式（5.14）。其中 $R^2=x^2+y^2$，

$$\overline{P}=A_0+(A_3+A_5)R^2/4 \tag{5.14}$$

根据历年纪录数，得到可鲁克湖的平均大气压力为708.7hPa。根据地壳垂直形变的简化公式，通过编写代码以实现大气负荷造成的垂直变形的计算。

TerraSAR-X数据的获取时间为UTC时10月1日23：45的雷达影像和

UTC 时 10 月 12 日 23：45 的雷达影像，转换为北京时间为 10 月 2 日 7：45 和 10 月 13 日 7：45。此处选取德令哈等 9 个地区 10 月 1 日至 15 日 8：00 的大气压值进行二次曲面拟合，求解由大气荷载造成的观测点的位移变化，得到图 5.11。从图 5.11 可以看出，可鲁克湖地区大气负荷造成的垂直变形可达到 -30 ~ 20mm，若长时间记录气压数据并计算由此产生的位移，可能会有更高的变形值存在。在精确测距的过程中这样的变形差异是不可以被忽略的。

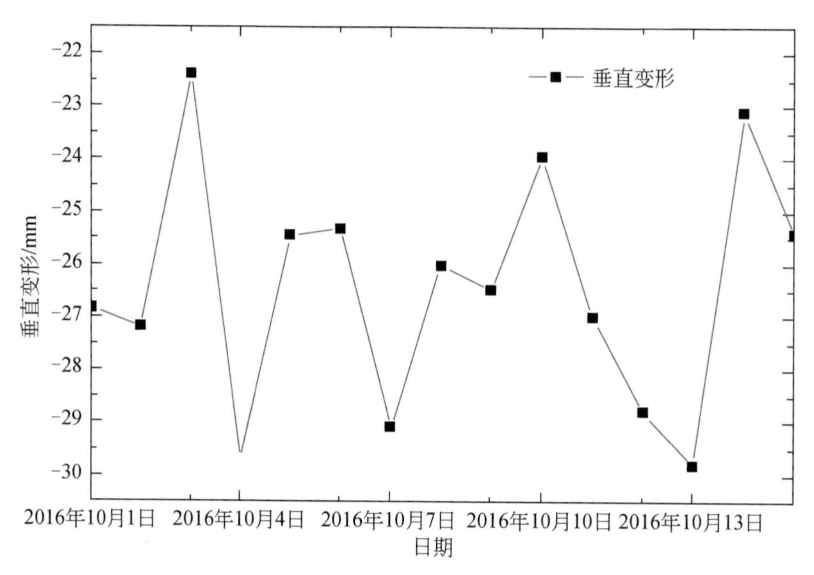

图 5.11　2016 年 10 月 1 日至 15 日大气荷载造成的垂直变形

5.2.4.3　极潮修正

根据极潮引起的位移变化的计算公式的成熟程度，本书中选取极潮改正模型公式（5.15）。在这个修正模型中，测站点的地理位置和地球的极移数据是必须获取的。数据获取的重点是实时性，最好可以得到每小时的地球极移数据。极潮引起的位移变化取决于观测瞬间自转轴与地壳的交点，也就是观测瞬间的极移值。它所引起观测站在径向、南北方向和东西方向的位移可以根据公式（5.15）求出，其中计算结果的单位为 mm。

$$
\begin{aligned}
S_{\mathrm{r}} &= -32\sin2\varphi(x_p\cos\lambda - y_p\sin\lambda) \\
S_{\mathrm{NS}} &= 9\cos2\varphi(x_p\cos\lambda - y_p\sin\lambda) \\
S_{\mathrm{EW}} &= 9\cos2\varphi(x_p\sin\lambda + y_p\cos\lambda)
\end{aligned} \tag{5.15}
$$

其中，x_p，y_p 为极移坐标，单位为角秒（″）；λ 为观测站的经度；φ 为观测站的纬度。

1. 极移数据的获取

极移数据的获取主要有两种方式：①通过 IERS（International Earth Rotation and Reference Systems Service）网站上的 EOP of today 工具来实时获取每日的极移数据。②通过在 IERS 网站上读取和下载公告 A 和公告 B 获取。用这些方法获取的极移数据包括 x 轴坐标、y 轴坐标及纠正的儒略日期。

上述两种方法获取的极移数据都是以日为单位的，即每天公布一组极移数据，故两种方法都可采用。图 5. 12 和图 5. 13 为 2013 年 1 月至 2016 年 11 月的极移数据图，从图中可以看出极移坐标的取值范围较广，变化比较复杂，但是存在着一定的周期性。

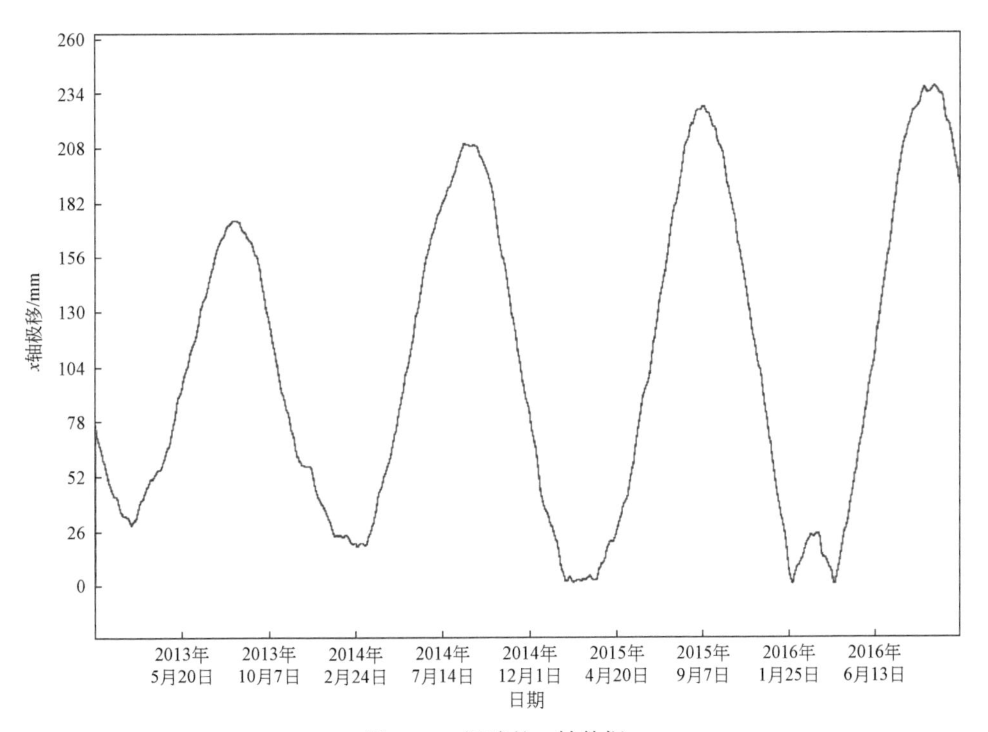

图 5. 12　极移的 x 轴数据

从图 5. 12 中可以得出，极移的 x 轴坐标随着时间的变化表现出一定的周期性，这个周期为 12 ~ 14 个月，而且每个周期的最大值和最小值都比上个周期的值要大。图 5. 13 中，极移 y 轴的值随着时间的变化也表现出 10 ~ 12 个月的周期性变化，每个周期的最大值和最小值也同样要比上个周期的大。在 2013 年到 2016 年期间，极移坐标的最值有增大的趋势。

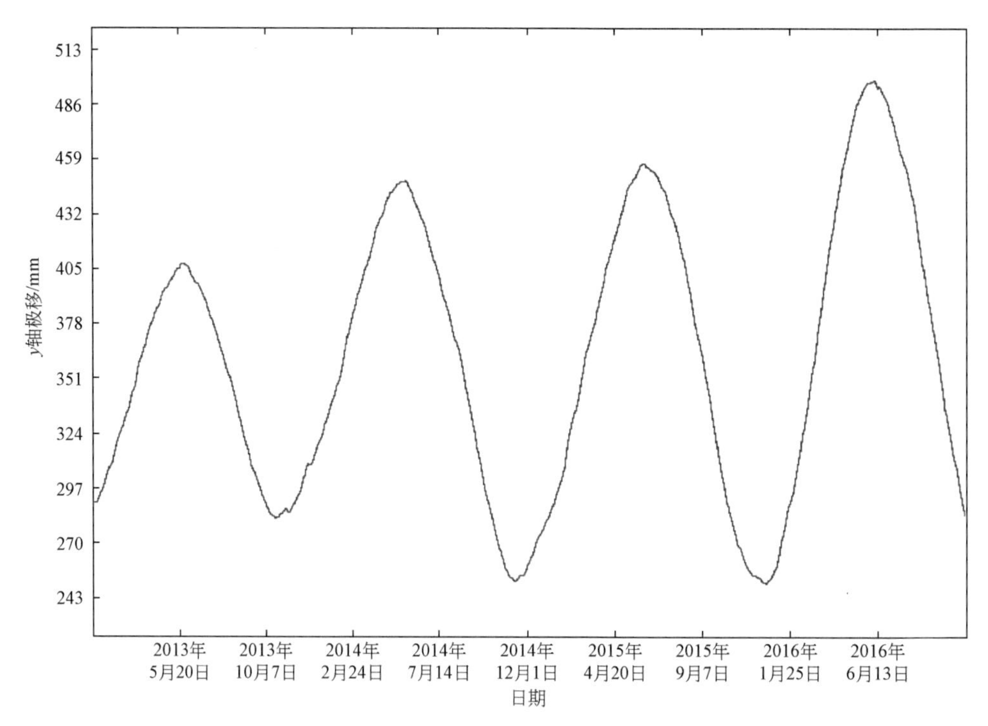

图 5. 13　极移的 y 轴数据

2. 极潮引起的位移变化

根据公式（5. 15）所述极潮改正模型、获取的极移数据及观测点的地理坐标，可以求得由极潮造成的径向、南北方向和东西方向的位移。得到 10 月 1 日至 15 日的极移数据变化趋势（图 5. 14），单位为 arcsec。由图 5. 14 可知，在这段时间内，极移 x 和 y 都随着时间的变化在变大，应该处于极移数据变化周期的上升阶段。

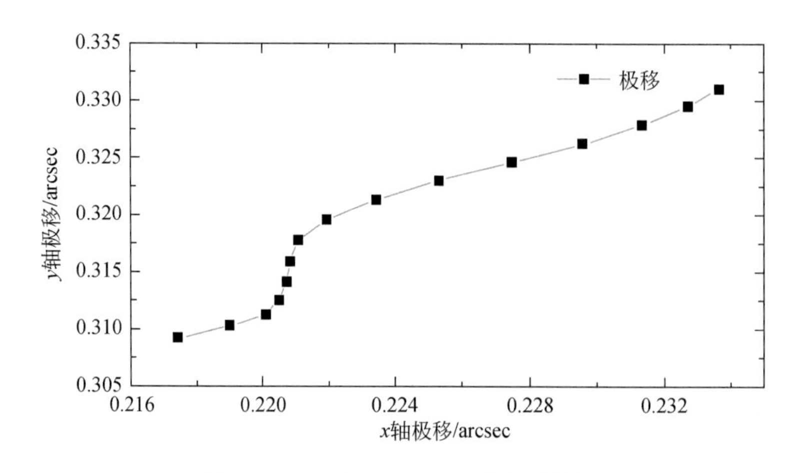

图 5. 14　10 月 1 日至 15 日的极移数据

10 月 1 日至 10 月 15 日极潮造成的三个方向上的变形如图 5. 15 所示。由

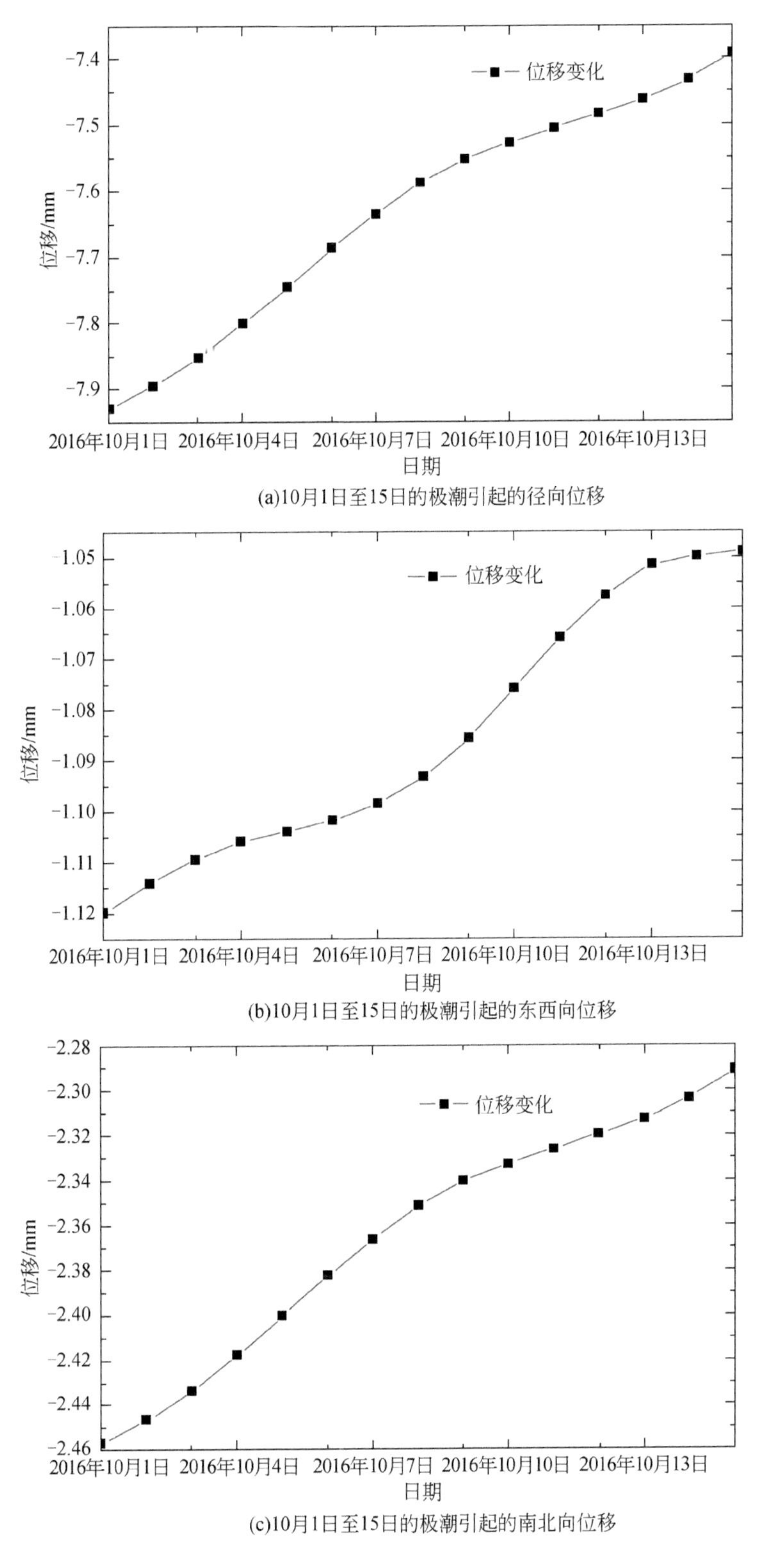

(a)10月1日至15日的极潮引起的径向位移

(b)10月1日至15日的极潮引起的东西向位移

(c)10月1日至15日的极潮引起的南北向位移

图 5. 15　10 月 1 日至 15 日的极潮引起的位移

图可知，此期间极潮引起的三个方向的位移变化是随着时间的推移而逐渐变小，其中造成的径向位移值最大。极潮引起的三个方向的位移变化值比较小，都在 10mm 之内。

5.2.4.4 地球物理效应对雷达测距的影响

以上三节分别研究了固体潮、大气负荷和极潮对观测点位移变化的影响，固体潮在垂直方向上引起的位移可以达到几十厘米，大气负荷在垂直方向上引起的位移最大可达 30mm，极潮在垂直方向上引起的位移最大可达 25mm，由此可知地球物理效应对观测点的位移的影响是不可忽略的。要得到这些地球物理效应造成的径向、南北方向和东西方向上的位移变化对雷达测距的影响，所以要将这三维的数据转到雷达测距的一维方向上。

在将一维的 LOS 向形变拓展至三维时，假设有三个来自不同轨道的雷达测量值 $d_{\mathrm{los},1}$，$d_{\mathrm{los},2}$，$d_{\mathrm{los},3}$，它们的误差分别为 σ_1，σ_2 和 σ_3，则三维地表变形可以用公式（5.16）表示，其误差为公式（5.17）。

$$\begin{pmatrix} d_{\mathrm{u}} \\ d_{\mathrm{e}} \\ d_{\mathrm{n}} \end{pmatrix} = \Gamma \begin{pmatrix} d_{\mathrm{los},1} \\ d_{\mathrm{los},2} \\ d_{\mathrm{los},3} \end{pmatrix} \tag{5.16}$$

$$\begin{pmatrix} \sigma_{d_{\mathrm{u}}}^2 \\ \sigma_{d_{\mathrm{e}}}^2 \\ \sigma_{d_{\mathrm{n}}}^2 \end{pmatrix} = \Gamma \begin{pmatrix} \Gamma_1 \cdot \sum \cdot \Gamma_1^{\mathrm{T}} \\ \Gamma_2 \cdot \sum \cdot \Gamma_2^{\mathrm{T}} \\ \Gamma_3 \cdot \sum \cdot \Gamma_3^{\mathrm{T}} \end{pmatrix} \tag{5.17}$$

其中，$\Gamma = \begin{pmatrix} \Gamma_1 \\ \Gamma_2 \\ \Gamma_3 \end{pmatrix} = \begin{pmatrix} a_1 & b_1 & c_1 \\ a_2 & b_2 & c_2 \\ a_3 & b_3 & c_3 \end{pmatrix}^{-1}$，$\sum = \begin{pmatrix} \sigma_{d_{\mathrm{los},1}}^2 & \sigma_{d_{\mathrm{los},1}d_{\mathrm{los},2}} & \sigma_{d_{\mathrm{los},1}d_{\mathrm{los},3}} \\ \sigma_{d_{\mathrm{los},1}d_{\mathrm{los},2}} & \sigma_{d_{\mathrm{los},2}}^2 & \sigma_{d_{\mathrm{los},2}d_{\mathrm{los},3}} \\ \sigma_{d_{\mathrm{los},1}d_{\mathrm{los},3}} & \sigma_{d_{\mathrm{los},2}d_{\mathrm{los},3}} & \sigma_{d_{\mathrm{los},3}}^2 \end{pmatrix}$

$$a_i = \cos\theta_i \quad i = 1,2,3$$

$$b_i = \sin\theta_i \sin\left(a_i - \frac{3\pi}{2}\right) \quad i = 1,2,3$$

$$c_i = \sin\theta_i \cos\left(a_i - \frac{3\pi}{2}\right) \quad i = 1,2,3$$

a_i，b_i，c_i 分别指第 i 个雷达测量值的 LOS 方向在垂直方向、东西方向和南北方向上的投影系数；θ_i 和 α_i 分别为第 i 个雷达测量值的入射角和方位角，这些角度是以正北方向为起始点顺时针计算。

在得到地球物理效应引起的各个方向的位移变化之后，根据公式（5.17）可以计算地球物理效应造成的 LOS 方向上的影响值。10 月 1 日的影响值为 0.1635427m；10 月 12 日的影响值为 0.061606167m。地球物理效应对雷达测距的影响已经达到了分米级。要实现雷达的精准测距，地球物理效应的影响是不容忽略的。

5.3　角反射器的安装与精确定位

5.3.1　角反射器的制作

制作角反射器时应注意以下几点：①材质为金属材料，保障了其强反射性；②三个面是相互垂直的，其误差应该小于 0.5°；③三个面务必整洁、光滑，不能有污渍；④减少角反射器边缘造成的影响；⑤保障角反射器的固定性。

本次实验的目标是实现湿地水位变化的研究，所以将角反射器安置于实验区可鲁克湖内。在这样的特殊情况下，常用的角反射器可能不能满足要求。为了确保角反射器的稳定性，综合实验环境和现实条件，将角反射器的形状设计为如图 5.16 所示，两个 60cm 的金属板相互垂直，在其底部安置一个底板，在底板接入 3 根 1.5m 左右的钢管，这样的设计可将角反射器固定于湿地中。

图 5.16　角反射器设计图

5.3.2　角反射器的安置

角反射器的安置也是一项十分艰巨的任务，正确安装是实验成功的关键，安置过程中应注意以下几点：①调整角反射器的底边方位角，使其下边要平行于卫星的轨迹方向；②调整角反射器的仰角，使其法线方向与雷达信号的入射方向平行；③安置于背景反射强度相对较低的地方。

经过野外实地踏勘，选定了一处安置方便、可测定水面变化的位置安置角反射器，周围二三十米范围内均为水面，之外有一定面积的芦苇，便于辨识。由于角反射器设计了底座和三根支柱，故而可以将角反射器稳定地置于水中。本次试验中设计的角反射器相当于四个角反射器，这种设计同时也保证了它在水中的稳定性。

角反射器要达到其最大的反射强度，它的姿态必须要经过仔细调整，使其可以最大强度地接收到雷达信号。最理想的情况即角反射器的中心线与雷达波的入射方向一致，可以通过调整角反射器与地面的俯仰角及角反射器的方位角来实现最大强度地接受雷达信号。

角反射器的最佳方位角与卫星轨道在南北方向的偏角和角反射器所在纬度有关，其关系如公式（5.18）所示。

$$\beta = \arcsin\left(\frac{\cos\alpha}{\cos\delta}\right) \tag{5.18}$$

其中，β 为角反射器的最佳方位角；α 为卫星轨道在南北方向的偏角；δ 为角反射器所在位置的纬度。

角反射器的最佳仰角要根据选取的 SAR 卫星的入射角决定，用角反射器的法线方向（角反射器的顶点与角反射器的三面所组成空间的中心的连线）与雷达入射方向平行，值得注意的是角反射的仰角是固定的，与角反射器的位置无关。

根据实际的实验环境和目的，为了保障角反射器的稳定性，将角反射器水平安置于水中，即在本实验中不考虑角反射器的仰角问题，只计算角反射器的最佳方位角。获取的数据为 TerraSAR-X 下行轨道时的影像，其轨道倾角为 97.4°，角反射器的位置纬度为 37°18′9.04″N，由公式（5.18）求得其最佳方位角为北偏东 54.37°。

图 5.17　可鲁克湖中的角反射器

图 5.17 为实验区角反射器的安置情况。在角反射器的安装过程中还应该将磁偏角的影响考虑在内。因为野外测角时所用工具为罗盘仪，在用罗盘仪定角时，其北方向为磁北方向，故要知道当地的磁偏角大小，将方位角转化为磁北坐标下的角度。根据软件求得可鲁克湖的磁偏角为$-5°26'52''$，故定角时用罗盘仪测量的角度为 59.8206°。

5.3.3　角反射器精确地理定位

角反射器和水位计的地理位置信息通过全球导航卫星系统（global navigation satellite system，GNSS）测量获取。通过与青海连续运行站（QHCORS）的数据进行联测，得到可鲁克湖周围三个点在 CGCS2000 坐标系下的坐标。为下一步利用 RTK 测量角反射器、水位计及周边变形点的具体位置提供基础控制。

控制网外业所用仪器是青海省测绘地理信息局提供的两台天宝接收机，本次观测使用的接收机是符合全球定位系统（global positioning system，GPS）规范要求的双频机，其精度优于 $5\text{mm}\pm1\times10^{-6}\text{mm}$。在作业之前对仪器进行了严格的检校。在可鲁克湖附近布设的三个点位每点观测一时段，时段长约 3h。GPS 观测时的主要参数如表 5.3 所示。

表 5.3　GPS 观测时主要参数

观测时主要参数	
同时观测有效卫星数	≥4
有效观测卫星总数	≥20
卫星截止高度角/(°)	10
观测时间段/h	3
数据采样间隔/s	1
点位几何图形强度因子/PDOP	<8
时段中任一卫星有效观测时间/min	≥3

根据 GPS 的选点原则，在可鲁克湖的周边选取三个控制点，分别命名为 BJ01，BJ02 和 BJ03。通过使用青海省测绘地理信息局提供的天宝 GPS 接收机进行外业工作，根据《全球定位系统（GPS）测量规范》的要求进行外业测量，此过程中注意天线高度的测量、观测时长的控制以及观测数据的保存。图 5.18 为控制点观测现场。

图 5.18　控制点观测现场

在外业工作完之后，将接收机内的数据传输至电脑，将原始数据转化为 Rinex 数据格式。再收集青海连续运行站（QHCORS）的数据，其中包括德令哈（DLHA）、诺木洪（NMUH）、大柴旦（GJDC）、大格勒（DGLE）四座青海省 GNSS 连续运行基准站的观测数据。

通过 TBC 软件进行基线解算、平差计算等工作，得到 CGCS2000 坐标系下的三维坐标、基线向量改正数、基线边长、方位、转换参数及精度等信息。平差结束后，使用大格勒作为检核点检查外部符合性。点位正常高根据“青海省似大地水准面计算程序”计算精简而来。

最终得到测量结果的精度如下：

（1）CGCS2000 平面直角坐标系下三维点位最弱点为 BJ02，其值为 1.76cm；

（2）CGCS2000 平面直角坐标系下：X 方向最弱点中误差为 0.65cm，Y 方向最弱点中误差为 0.57cm，H 方向最弱点中误差为 3.43cm；

（3）最弱边（BJ02-BJ01）的相对中误差为 1/578。

解算得到三个控制点在西安 80 坐标系和 CGCS2000 坐标系下的坐标如表 5.4 和表 5.5 所示，其中的高程坐标都是在 1985 国家高程基准下的高程。

表 5.4　西安 80 坐标系下控制点坐标

序号	点名	X/m	Y/m	H/m
1	BJ02	4134135.1211	32575580.5491	2821.4741
2	BJ03	4124871.3641	32575512.1952	2815.7252
3	BJ01	4132115.4700	32579932.7630	2816.1561

表 5.5　CGCS2000 坐标系下控制点坐标

序号	点名	X/m	Y/m	H/m
1	BJ02	4134158.0311	32575684.7641	2821.4743
2	BJ03	4124894.2003	32575616.4123	2815.7253
3	BJ01	4132138.3650	32580037.0134	2816.1562

获取了可鲁克湖的控制点坐标之后，使用 RTK 测量实验点的地理坐标。高精度的 GPS 测量必须采用载波相位观测值，在 RTK 作业模式下，基准站通过数据链将其观测值和测站坐标信息一起传送给移动站。它是利用两台以上 GPS 接收机同时接收卫星信号，其中一台安置在已知坐标点上作为基准站，另一台用来测定未知点的坐标——移动站，基准站根据该点的准确坐标求出其到卫星的距离改正数并将这一改正数发给移动站，移动站根据这一改正数来改正

其定位结果，从而大大提高定位精度。本次所使用的仪器为华测 I60GPS 接收机，基准站架设在可鲁克湖 1km 处未知点上，安置发射天线，对主机、基准站及测量模式进行设置，完成之后进行校正。校正完毕后，就可以进行数据采集。图 5. 19 为架设在可鲁克湖外的基准站。

图 5. 19　架设在可鲁克湖的 GPS 基准站

计算大气延迟和地球物理效应时需要观测点的地理坐标，因此用 RTK 测量方法测量了水位计和角反射器在 WGS-84 坐标系下的地理坐标信息，测量结果如表 5. 6 所示。

表 5. 6　WGS-84 坐标系下观测点的地理坐标

位置	纬度	经度	高程/m
水位计	37°18′54. 7770″	96°54′04. 7641″	2755. 9519
角反射器中心	37°18′09. 0414″	96°56′22. 6954″	2753. 9174
角反射器顶点 1	37°18′09. 0365″	96°56′22. 7027″	2753. 9269
角反射器顶点 2	37°18′09. 0456″	96°56′22. 7062″	2753. 9083

5. 3. 4　雷达影像中角反射器高精度定位

获取雷达影像之后，首先实现角反射器像素级定位，在此基础上进行插值，得到角反射器的厘米级定位。角反射器在影像上的特征明显，以亮点的形式出现在雷达影像上，并非位于一个像素单元内，会扩散在多个像素单元上。

其中Envisat雷达数据中的角反射器的影像表现为一个亮点，而在TerraSAR-X数据中角反射器的影像呈现明显的十字形。设像元在图像中行、列坐标为（l，p），其方位向成像时刻$t_{az,l}$和距离向延迟时间$t_{ra,p}$如公式（5.19）和公式（5.20）：

$$t_{az,l} = t_{az,1} + \frac{l-1}{\mathrm{PRF}} \tag{5.19}$$

$$t_{ra,p} = t_{ra,1} + \frac{p-1}{2\mathrm{RSC}} \tag{5.20}$$

其中，$t_{az,1}$为雷达影像上第一行像素的成像时刻；$t_{ra,1}$为雷达影像上第一列像素的单程成像延迟时刻；PRF为方位向脉冲重复频率；RSC为距离向的采样频率。

根据卫星的头文件可以获得$t_{az,1}$和$t_{ra,1}$，则可以把角反射器的成像时间和距离向延迟时间带入到公式（5.19）和公式（5.20）中，求得角反射器在影像中的横坐标l，列坐标p。直接从CR位置信息和位置成像参数计算出来的（l，p）一般都非正整数，不能与影像的正整数位像素位置相对应。这种情况下，在计算出来的l和p的邻域进行搜索，角反射器的位置应该为搜索区域的幅度最大值的位置，由此可得角反射器的像素级定位。

由于实际实验中将角反射器安置于可鲁克湖中，因此在雷达影像上可以先截取可鲁克湖的雷达影像区域图，在此基础上分析搜索得到幅度最大值的位置，这样可以减少工作量和计算时间。

在算得角反射器所在位置之后，截取以反射幅度最大值的像素为中心的影像。在本书中，分别截取了UTC时10月1日和10月12日角反射器的雷达影像的21像素×21像素图和5像素×5像素图，以方便观察两次角反射器在雷达影像上的成像情况，如图5.20和图5.21所示。从21像素×21像素图中可以看出角反射器成像较好，符合研究所得的TerraSAR的角反射器成像特征，在5像素×5像素图中可以更清楚地看到角反射器在影像上呈现明显的十字形。

(a)21像素×21像素图

(b)5像素×5像素图

图5.20　10月1日角反射器成像图

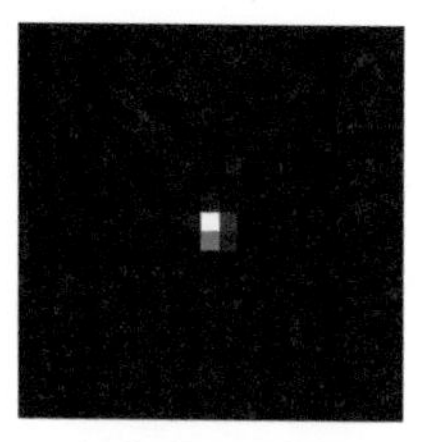

(a)21像素×21像素图

(b)5像素×5像素图

图 5.21　10 月 12 日角反射器成像图

获取的 TerraSAR-X 雷达影像的分辨率为 1m，要实现雷达的厘米级测距则必须对遥感影像进行插值处理，实现角反射器的精确定位。可用于雷达影像的插值方法有很多，升余弦插值核相比其他插值核的精度更高。通过处理原始 SAR 数据，得到 UTC 时 10 月 1 日和 10 月 12 日的雷达影像基本信息，以及包含角反射器的 100 像素×100 像素截取图的影像基本信息。雷达影像的基本信息包含了日期、成像起始时间及结束时间、成像区域的经纬度信息、距离像素信息、采样频率、入射角信息以及卫星位置等，为后续的成像时刻卫星位置的计算及最强反射点的计算提供了条件。在获取了影像的基本信息之后，对截图进行插值处理以得到角发射器厘米级的精确定位。

本书在 5 像素×5 像素的截取图像上进行插值，为实现厘米级的定位目的，将 5 像素×5 像素图插值为 500 像素×500 像素图。图 5.22 至图 5.24 分别为截断的 sinc 插值核、立方卷积（cubic）插值核及升余弦插值核为基础的插值结果图。从图中可以看出，截断的 sinc 插值核插值法的结果有明显的十字形，cubic 插值核和升余弦插值核插值法的结果比较柔和，由中间向外扩散，亮度逐渐减弱，升余弦插值法的结果更趋于平滑，最亮点更明显。

(a)10月1日

(b)10月12日

图 5.22　截断的 sinc 插值结果

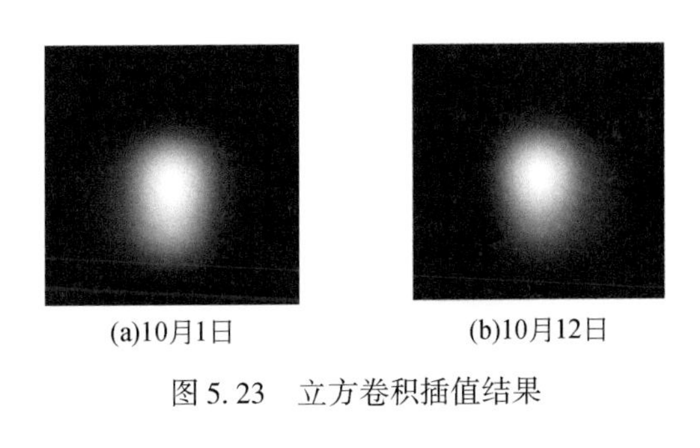

(a)10月1日　(b)10月12日

图 5. 23　立方卷积插值结果

(a)10月1日　(b)10月12日

图 5. 24　升余弦插值结果

本书中选取升余弦的插值结果，将原来米级的像素单元插值为厘米级的像素单元，为实现雷达厘米级测距提供了条件。插值后的幅度最大的像元作为角反射器的峰值响应信号所在，此时可以得到角反射器在插值后影像上的位置，结合成像时刻的时间可以得到角反射器更加精准的方位成像时刻和距离向延迟时间。插值后 10 月 1 日幅度最大的像元点位于 5 像素×5 像素图的 2. 50 列、2. 67 行，100 像素×100 像素图的 60. 50 列、68. 67 行，10 月 12 日幅度最大的像元点位于 5 像素×5 像素图的 2. 51 列、2. 59 行，100 像素×100 像素图的 60. 50 列、68. 59 行处。

5. 4　湿地水位反演

TerraSAR-X 卫星上搭载的传感器通过发射雷达信号到达被监测地表并接收其回波信号，通过发射信号与接收信号之间的时间差计算传感器与目标之间的距离。通过对 TerraSAR-X 精确测距的精度进行分析，说明雷达的精准测距能力是可以实现的，将其用于水位方面的测量也是可行的。对于 10 月 12 日获取的 TerraSAR-X 雷达影像，计算大气造成的延迟、地球物理效应对 SAR 斜距的影响、角反射器在影像上的精确定位以及角反射器成像时刻的卫星位置。根据这些已求得的条件以及角反射器的最强反射点与各个角点的几何关系便可求出角反射器底角点即水面的变化情况。如图 5.25 模拟了角反射器顶角三个点、水面点与角反射器最强反射点与卫星位置的几何关系。

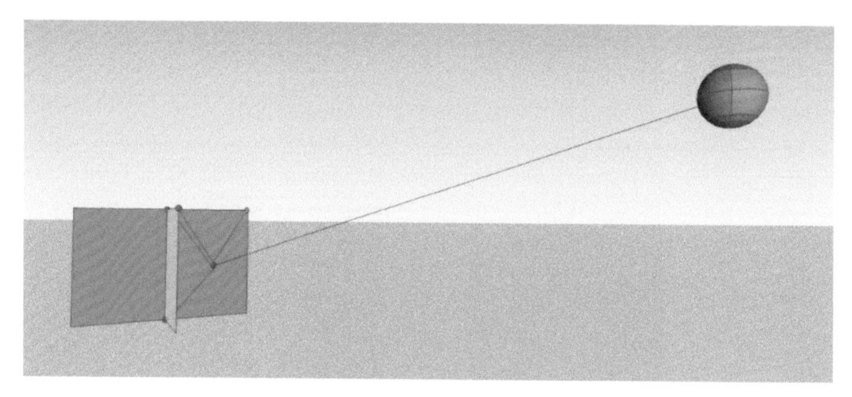

图 5.25 角反射器与雷达斜距的几何关系图

根据影像上角反射器的位置求得的雷达测距信息，在此基础上加入大气延迟改正数和地球物理效应对雷达测距影响的改正数，得到了卫星到角反射器最强辐射点的距离。TerraSAR-X 精准测距的结果如表 5.7 所示。

表 5.7 TerraSAR-X 精准测距

日期	大气延迟	地球物理效应	雷达测距	修正的雷达测距
10 月 1 日	-1.6024	0.1635	565915.5846	565914.1455
10 月 12 日	-1.5875	0.0616	565917.6259	565915.9768

角反射器最强辐射点为角反射器与水面组成的三面角反射器的体心，最强辐射点与成像时刻卫星位置的距离根据修正后的雷达测距得到，由此得到关系式：

$$\begin{cases}(x-x_1)^2+(y-y_1)^2+(z-z_1)^2=r^2\\(x-x_2)^2+(y-y_2)^2+(z-z_2)^2=r^2\\(x-x_3)^2+(y-y_3)^2+(z-z_3)^2=r^2\\(x-X)^2+(y-Y)^2+(z-Z)^2=D^2\end{cases}\tag{5.21}$$

其中，$(x,\ y,\ z)$ 为角反射器最强辐射点；$(x_i,\ y_i,\ z_i)$ 为角反射器的中心点和顶点；$(X,\ Y,\ Z)$ 为成像时刻卫星的位置；D 为修正后的雷达测距。

根据角反射器成像时刻的卫星位置及角反射器中心点和顶点的坐标信息及

水位与雷达斜距的几何关系便可求得角反射器的最强反射点的信息，由此得到水位的变化。通过 MATLAB 实现了最强点的计算，得到了水面点的坐标信息。结果如表 5.8 所示。

表 5.8　水面点坐标

日期	X/m	Y/m	Z/m
10 月 1 日	-614014.4476	5044677.8667	3845820.8130
10 月 12 日	-614014.4634	5044677.9446	3845820.8799

由此求得两次水面点的高程相差 0.1038m，即通过雷达测距反演水位变化为 10.38cm。为了验证雷达精准测距反演水位变化的能力，在实验区可鲁克湖安置了一台水位计来测量湿地的水位变化。

5.5　水位计测量与结果验证

水位计可以在不建立传统水位测井的情况下实现实时获取水位信息的能力，主要用于水利、水文和海洋测绘等部门的长期或临时水位站进行水位观测。

为了验证本实验测量的水位变化是否符合实际情况，在实验区布设了一个水位计。实验所用的水位计为 HOBO U20 系列水位计，它可以用来监测溪流、湖泊、湿地、潮汐地区以及地下水的水位和水温变化。它具有精度高、使用方便等特点，采用压力式测量原理，一共两个如图 5.26 所示的水位计，一个置于可鲁克湖码头的休息室中用于测量当地的大气压力，另一个置于可鲁克湖中，测量水中的压力值，通过补偿和计算等得到湿地的水位变化。

2016 年 9 月在青海实验区安置角反射器的同时安置了这台水位计（图 5.27）。选择一根长约 3m 的钢管，每隔 15cm 钻两个孔，以保持管内水位同湖内水位变化同步。将钢管垂直插于湖中，使其固定，用绳子将水位计悬挂于钢管中，以便测量水位的变化。

在青海德令哈地区一年温度较低，在每年 11 月份湖面便开始结冰，为了保持保证水位计仪器的完好，在 2016 年 11 月初赴青海可鲁克湖将水位计取回。从图 5.27 钢管露出水面的情况可以看出在这两个月的时间可鲁克湖水面有了很明显的下降。

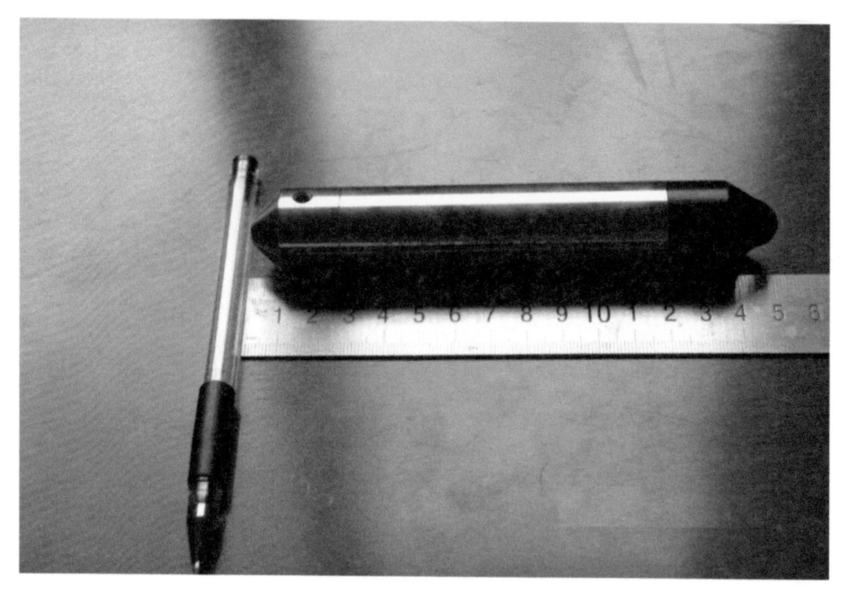

图 5.26　水位计图

(a)　(b)

图 5.27　水位计布设点

（a）拍摄于 2016 年 9 月；（b）拍摄于 2016 年 11 月

在收回水位计之后，将存储数据导入电脑中，得到了 9 月和 10 月的可鲁克湖水位数据，绘成图，如图 5.28 所示。

从图 5.28 的水位数据可以得到，9 月初的可鲁克湖水位为 2814.10m，在 9 月份内水位保持持续下降，在 9 月份水位发生了 0.35m 左右的变化。到了 10 月份水位有所上升，继而又发生了下降，10 月份水位的最大变化约为 0.15m。获取的 9 月和 10 月份的水位信息表明在两个月内水位发生的最大变化为 0.42m。由这些数据可以推断出，可鲁克湖在一年内的水位会发生很大的变化。因此，测量高原湿地水位变化是一项非常重要而且有意义的工作。

由于研究的是 10 月 1 日和 10 月 12 日的雷达影像，从中截取 10 月 1 日至

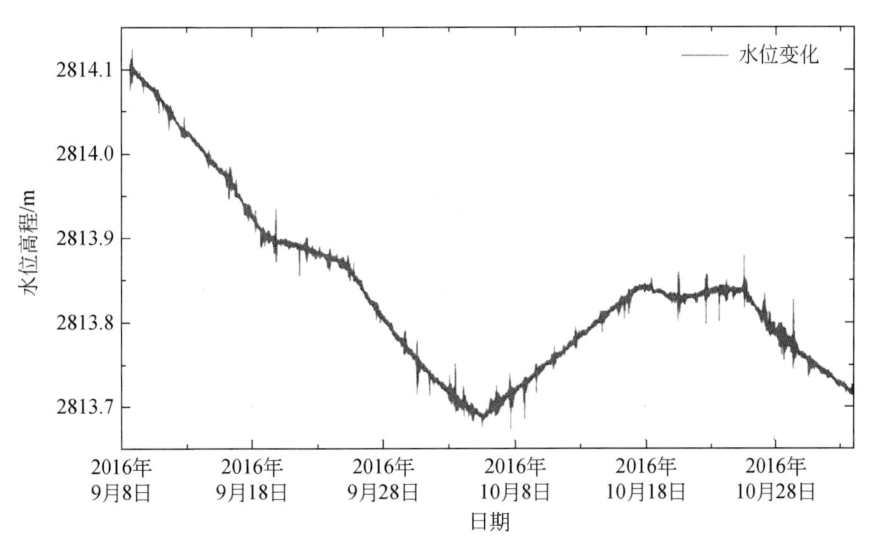

图 5.28　可鲁克湖 9 月至 10 月水位变化图

10 月 15 日的水位数据，如图 5.29 所示。从图 5.29 可知，这 15 天内可鲁克湖水位变化为先下降，继而开始上升。对于水位的这种变化，猜测可能与温度及降水有关。这半个月内水位的最大变化程度约为 0.13m，相对较小。

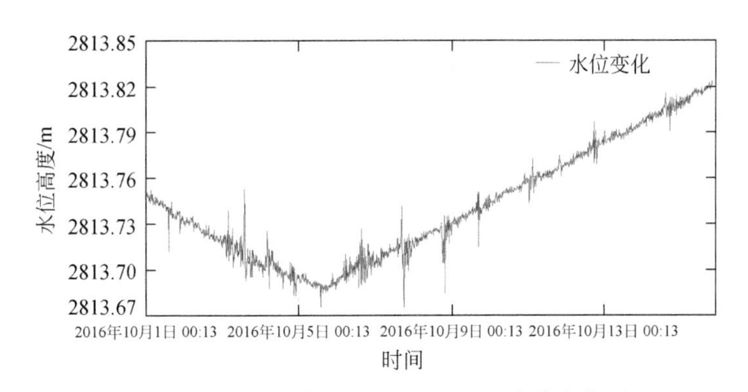

图 5.29　可鲁克湖 10 月 1 日至 15 日水位变化图

两幅雷达影像的获取时间分别为 UTC 时 2016 年 10 月 1 日和 10 月 12 日的 23：45，换算至北京时间为 10 月 2 日和 10 月 13 日的 7：45。由于水位仪每隔 15min 获取一次，与观测时间最相近的为 7：43，由图 5.29 可得，10 月 2 日的 7：43 的水位高度值为 2813.72745m，10 月 13 日的 7：43 的水位高度值为 2813.78823m，两个时刻的水位变化为 0.06078m。

根据雷达的精准测距方法反演算得的水位变化为 10.3876413cm，这与水位计记录的水位变化相差 4cm 左右。考虑到获取的水位数据时间与雷达影像获取时间有 2min 的间隔，由于风吹或者其他外界因素的影响，笔者认为这样的结果是可以接受的，通过雷达精准测距反演湿地水位变化的精度能够达到至少分米级。

5.6　小　结

雷达的精准测距到目前为止国内研究较少，本章以可鲁克湖为实验区研究和验证了 TerraSAR-X 精准测距的可行性，挖掘雷达的精准测距能力并应用于水位变化的监测中。

本章主要分为两部分，首先在前文研究的基础上计算出雷达的精准测距，通过角反射器的辐射最强点与卫星位置的几何关系来验证雷达的精准测距能力，两者相差 5.4cm，结论表明实现 TerraSAR-X 的精准测距是可行的。建立了雷达斜距与角反射器及水位的几何关系，实现了湿地水位的反演，实验结果与水位计测量的水位相比有 4cm 的差别，可以实现水位的分米级的监测，精度仍有待提高。湿地具有一定的不可控性，在受到风之类的外界因素影响时会有明显的变化，因此本实验中通过雷达精准测距反演水位的结果是可以接受的，此方法是可行的。

参考文献

Milbert D, 2011. Solid earth tide, FORTRAN computer program[2021-06-30]. http://home.comcast.net/~dmilbert/softs/solid.htm.

Rabbel W, Zschau J, 1985. Static deformations and gravity changes at the Earth's surface due to atmospheric loading. Journal of Geophysics, 56 (1): 81-99.